よくわかる プリント配線板のできるまで

高木 清・著

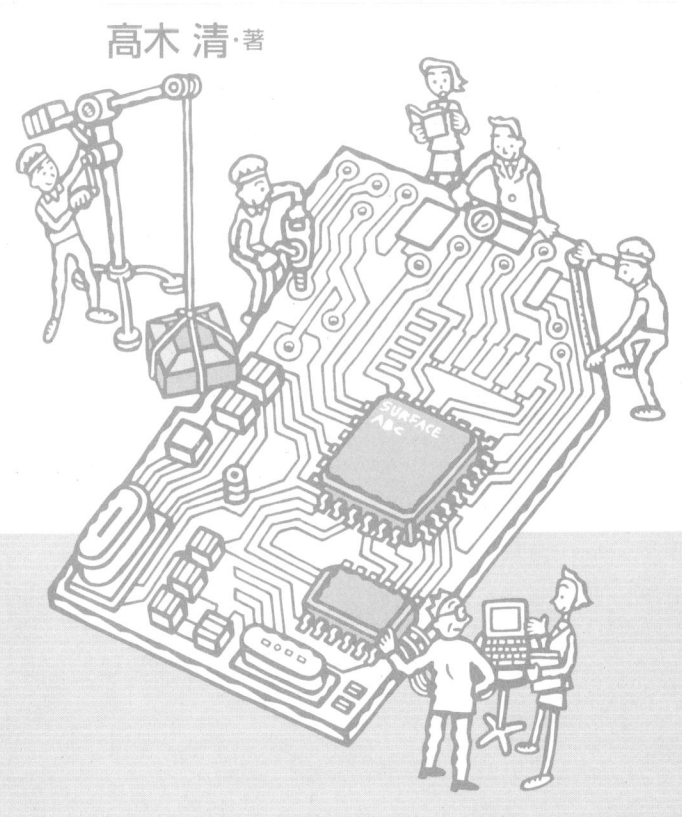

日刊工業新聞社

まえがき

　プリント配線板は電子コンポーネントの1つとして、ますます重要な役割を担っています。どんな小型の電子機器でも、プリント配線板を用いずに作られたものはありません。プリント配線板は、1900年頃より電子機器の部品間の接続を合理的に行うものとして考えられてきました。現在のような片面プリント配線板として用いられたのは1936年のころで、これがプリント配線板の原形です。その後、電子部品が真空管からトランジスタ、IC、LSIへと高機能、高集積化するに従い、プリント配線板も片面板より両面板へ、そして多層板へと高度化し、そのうえ、より高度の電気特性が要求されるようになってきました。

　本書は、プリント配線板がどのように作られるのだろうか、どんな材料が使われるのだろうかを、プリント配線板の製造実務に携わる入門者の方がたに理解いただけるようにまとめたものです。「プリント配線板とはどういうものか」ということからはじめ、めっきスルーホールによる多層プリント配線板を中心に、ＣＡＤ設計からプリント配線板完成品検査まで、一連の製造工程の順を追ってやさしく、図解・解説しました。

　プリント配線板はコンピュータを用いた設計に始まり、絶縁材料の選択を行ったうえで、エッチング、積層、穴あけ、めっきなどの数多くのプロセス要素を組み合わせた工程を経て作られます。その製造プロセスも、最近ではビルドアップ法などへと発展してきましたので、随所でこれらについても説明し、最新の技術を把握していただけるように工夫しました。

　本書にて、プリント配線板についての理解がいただけましたら筆者として大変な喜びとするところです。

2003年5月

高木　清

目次 CONTENTS

まえがき ……………………………………………………………………… 1

第1章　プリント配線板とは …………………………………………… 6
1.1　プリント配線板とは何か ………………………………………… 6
1.2　プリント配線板の機能と役割 …………………………………… 7
1.3　プリント配線板の材料 …………………………………………… 11
1.4　電子部品の実装からパッケージ実装へ ………………………… 13

第2章　プリント配線板の種類と構造 ………………………………… 16
2.1　プリント配線板をみてみると …………………………………… 16
2.1.1　片面プリント配線板 ………………………………… 16
2.1.2　両面プリント配線板 ………………………………… 19
2.1.3　多層プリント配線板 ………………………………… 21
2.1.4　フレキシブルプリント配線板 ……………………… 25
2.2　めっきスルーホールプリント配線板の製造工程 ……………… 27

第3章　パターン設計工程 ……………………………………………… 29
3.1　CAD設計のフロー ………………………………………………… 29
3.2　プリント配線板の仕様の決定 …………………………………… 31
3.3　CAMシステムによる製造情報の作成 …………………………… 35
3.4　多層プリント配線板の電気特性 ………………………………… 37
3.4.1　導体抵抗 ……………………………………………… 39
3.4.2　絶縁抵抗 ……………………………………………… 41
3.4.3　特性インピーダンス ………………………………… 41
3.4.4　伝播速度と絶縁材料 ………………………………… 45
3.4.5　表皮効果 ……………………………………………… 46
3.4.6　クロストーク ………………………………………… 47

第4章　アートワーク工程 ……………………………………………… 49
4.1　アートワーク工程 ………………………………………………… 49
4.2　マスクフィルム材料 ……………………………………………… 53

第5章　内層作成工程 …………………………………………………… 55
5.1　内層作成工程 ……………………………………………………… 55

		5.1.1	前処理 …………………………………………… 55
		5.1.2	感光レジスト層の形成 ……………………… 57
		5.1.3	露光 ……………………………………………… 61
		5.1.4	現像 ……………………………………………… 62
		5.1.5	エッチング …………………………………… 63
		5.1.6	剥離 ……………………………………………… 65
		5.1.7	検査 ……………………………………………… 66
	5.2	直接イメージング ……………………………………… 67

第6章　多層積層工程 …………………………………………… 69

6.1　積層工程 ……………………………………………………… 69
　　6.1.1　基準穴あけ ……………………………………………… 71
　　6.1.2　積層前処理 ……………………………………………… 73
　　6.1.3　積層編成 ………………………………………………… 75
　　6.1.4　接着シート ……………………………………………… 75
　　6.1.5　積層プレス加工 ………………………………………… 75
　　6.1.6　編成の解体と基準穴あけ、外形加工 ……………… 77
　　6.1.7　検査 ……………………………………………………… 77

第7章　穴加工工程 ……………………………………………… 79

7.1　穴加工工程と接続穴 ………………………………………… 79
7.2　穴あけデータ ………………………………………………… 80
7.3　穴あけ工程 …………………………………………………… 81
　　7.3.1　基準穴あけ ……………………………………………… 81
　　7.3.2　スタックの編成 ………………………………………… 81
　　7.3.3　穴加工と装置とドリル ………………………………… 83
　　7.3.4　穴の品質 ………………………………………………… 85
　　7.3.5　レーザ穴あけ …………………………………………… 87
　　7.3.6　後加工 …………………………………………………… 87
　　7.3.7　検査 ……………………………………………………… 87

第8章　デスミアと無電解銅めっき工程 ………………… 89

8.1　プリント配線板に用いられる接続のめっきと表面処理 … 89
　　8.1.1　導体層間接続のめっき ………………………………… 91
　　8.1.2　表面処理としてのめっき ……………………………… 91

　　　　　8.1.3　めっきの下地処理 …………………………………… 93
　　8.2　デスミア工程と樹脂表面の処理 ……………………………… 93
　　8.3　無電解銅めっき工程 …………………………………………… 97
　　　　　8.3.1　コンディショニングとマイクロエッチング ……… 97
　　　　　8.3.2　キャタライジングとアクセラレーティング ……… 99
　　　　　8.3.3　無電解銅めっき ……………………………………… 99

第9章　電解銅めっきと外層パターン作成工程 …………………103

　　9.1　外層パターンの電解銅めっき …………………………………103
　　9.2　めっきの基礎 ……………………………………………………105
　　　　　9.2.1　めっきの基礎 …………………………………………105
　　　　　9.2.2　電解銅めっき …………………………………………105
　　9.3　サブトラクティブ法 ……………………………………………109
　　9.4　パネルめっき法と外層作成工程 ………………………………109
　　　　　9.4.1　パネル電解銅めっき工程 ……………………………111
　　　　　9.4.2　導体パターン作成 ……………………………………111
　　9.5　パターンめっき法と外層作成工程 ……………………………113
　　　　　9.5.1　めっきレジストパターン作成 ………………………113
　　　　　9.5.2　パターン電解銅めっき ………………………………113
　　9.6　パネルめっき法とパターンめっき法の比較 …………………115
　　　　　9.6.1　パネルめっき法 ………………………………………115
　　　　　9.6.2　パターンめっき法 ……………………………………115
　　9.7　アディティブ法 …………………………………………………117
　　9.8　セミアディティブ法 ……………………………………………119
　　9.9　フルアディティブ法 ……………………………………………121
　　9.10　フィルドビア …………………………………………………121
　　9.11　検査 ……………………………………………………………123

第10章　ソルダーレジスト形成工程 ………………………………125

　　10.1　ソルダーレジストとは ………………………………………125
　　　　　10.1.1　ソルダーレジストの役割 …………………………125
　　　　　10.1.2　ソルダーレジストの特性 …………………………125
　　　　　10.1.3　ソルダーレジストの形成法 ………………………127
　　10.2　レジストの種類と特性 ………………………………………127
　　　　　10.2.1　ドライフィルムソルダーレジスト ………………129
　　　　　10.2.2　液状ソルダーレジスト ……………………………129

	10.3	ソルダーレジスト工程 ……………………………………	131
		10.3.1　前処理 …………………………………………	131
		10.3.2　ドライフィルムのラミネート …………………	133
		10.3.3　液状レジストの塗布の方法 ……………………	133
		10.3.4　露光・現像・硬化処理 …………………………	135

第11章　表面処理・外形加工工程 …………………………… 137
11.1　最終仕上げ加工 ……………………………………… 137
11.2　表面処理工程 ………………………………………… 139
11.3　外形加工工程 ………………………………………… 144

第12章　完成品検査工程と品質保証 ………………………… 147
12.1　完成品検査工程 ……………………………………… 147
12.2　プリント配線板の品質保証 ………………………… 153
12.3　多層プリント配線板の信頼性 ……………………… 159

第13章　プリント配線板の絶縁材料 ………………………… 166
13.1　リジッド用銅張積層板 ……………………………… 166
13.2　ビルドアッププリント配線板用材料 ……………… 176
13.3　フレキシブルプリント配線板用材料 ……………… 179

第14章　ビルドアッププリント配線板を製造するための工程 … 183
14.1　めっき法によるビルドアップ方式 ………………… 183
14.2　導電性ペースト接続によるビルドアッププロセス …… 190
14.3　一括積層法 …………………………………………… 192

第1章 プリント配線板とは

1.1 プリント配線板とは何か

　プリント配線板は、絶縁板またはシート上に導体の配線を作成、ここに種々な電子部品を接続し、電子回路としての機能を持たせたものです。したがって、プリント配線板は接続と絶縁、部品の支持の機能を持つもので、電子機器のキーコンポーネントとしてますます重要な役割を担ってきています。

　そんなプリント配線板も古くからあったものではありません。プリント配線板が実際に使用され始めたのは1950年頃のことです。プリント配線板を使わないと、**図1.1**のように、部品をシャーシやラグ端子板に固定し、あるいは空中に浮かして、これらを絶縁された線をはんだ付して、接続していました。今のような絶縁板の上に導体配線をしたプリント配線板として近いものが出現したのは1936年頃のことで、実際に実用化されたのは1950年以降、トランジスタが実用化されたときと合わせて進められました。

　プリント配線板の実用化により、電子機器やモジュールの製造は合理化され、小型化、高性能化へと大きな利益をもたらしてきました。身近なところでは携帯電話、PDA、パソコンなど、また、大型で産業用に用いられるものとして、サーバ、スーパーコンピュータ、ルータなどの通信情報機器、その他、航空・宇宙機器、防衛機器などがあります。

　プリント配線板には配線板が硬いものと、折曲げられる柔らかいものがあります。前者をリジッド板(Rigid board)、後者をフレキシブル板(Frexible boardまたはsheet)と呼んでいます。

　ここでは、主としてリジッド板についてその製造工程を解説していきますが、部分的にフレキシブルプリント配線板についても説明を加えていきます。

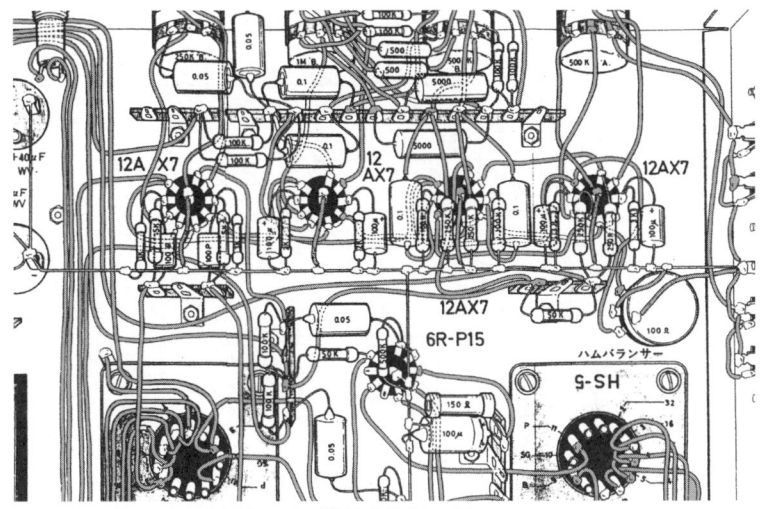

図1.1　プリント配線板のない機器内配線の例

1.2
プリント配線板の機能と役割

　プリント配線板は絶縁板の表面、あるいは、表面と内部に接続用の導体配線を持っているものです。図1.2に示すように、導体層の数により、(a)一方の面だけの片面プリント配線板（1層板）（めっきをしない両面板は作り方が類似しているので片面板に含めます）、(b)両面にある両面プリント配線板（2層板）、(c)表面と内部にあり、導体層が3層以上の多層プリント配線板（多層板）と呼ばれ区別しています。(d)は多層板をより詳しく示したものです。

　図1.2(a)に示した片面板では、ランドの中心部に電子部品のリードを挿入する貫通した穴をあけ、はんだでリードとランドを接続します。片面板では、部品が多くなると配線パターンを交差させることができないので、部品を載せる数も限られてきます。これはちょうど、広大なところに家が建ち、家と家とが平面上で一本の道で繋がっている状態です。

　部品が小さくなり、より密に部品を配置しようとすると、道路を立体交差させる

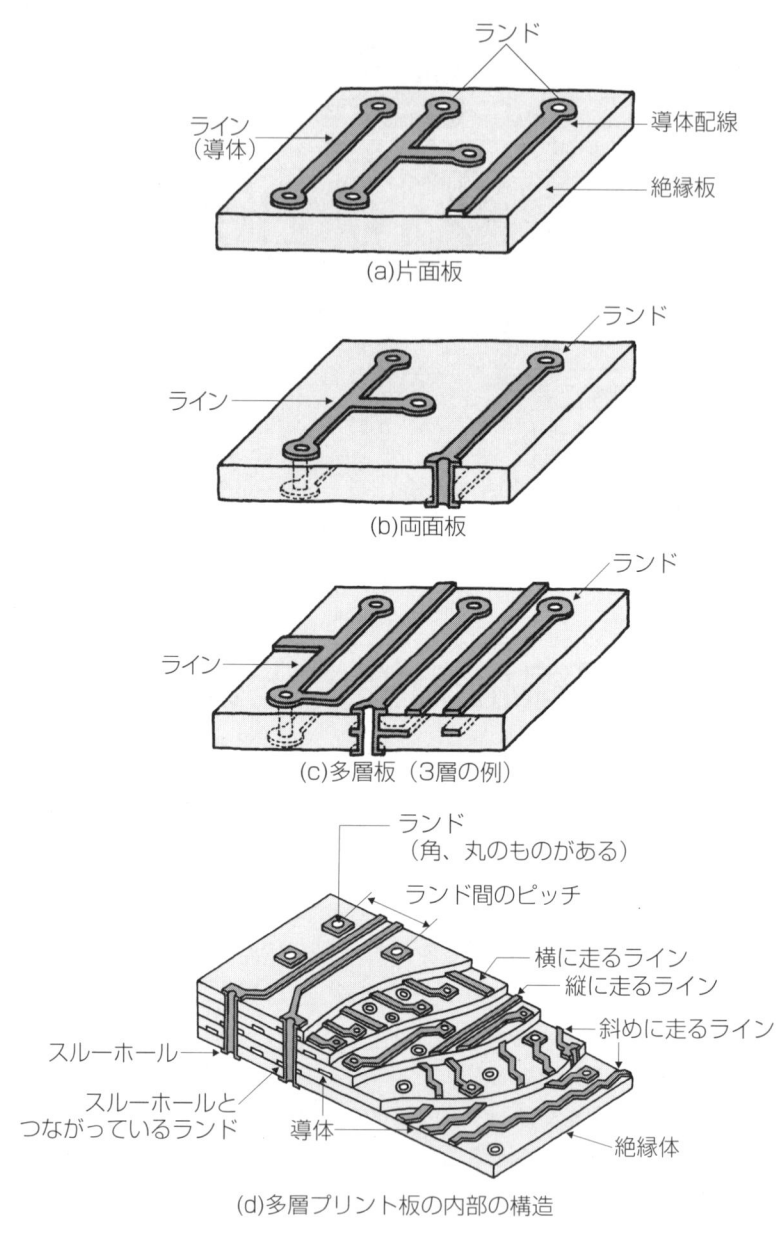

図1.2　プリント配線板の種類

ことが必要になると同じように両面板が必要となります。図1.2(b)のように配線パターンを板の両面に配置して接続する方法です。片面板と同じように両面に配線パターンを作成し、短いリード線やはと目で接続する方法もありますが、作るのに大変な手間がかかりあまり普及しませんでした。この表裏のパターンをめっきで接続するめっきスルーホール法が出現し、合理的に接続することができるようになると、広く用いられるようになりました。これは、ランドを通して上下に貫通する穴をあけ、この穴の内面の絶縁体の表面にめっきを行い、表裏のパターンを接続しようというものです。この方式により、載せられる電子部品の数は多くなり、小型化、高性能化に寄与しました。

　図1.3は多層板の断面を示したものです。両面板では表裏のパターンを、多層板ではさらに層間にあるパターンを接続することが必要となります。これを層間接続というほかに立体接続、Z方向接続といいます。図1.3 (a)のように穴が貫通して、これにめっきする方法と、(b)のように、板の内部に部分的にスルーホールのある部分スルーホール(IVH)プリント配線板があります。これは、より配線効率を高めるために考えられましたが、作るのに手間がかかります。最近これを発展したものとして、めっきや導電性ペーストを用いたビルドアッププリント配線板が急速に実用化されてきました。

　上記のように、プリント配線板上では絶縁板の表面、内部に部品類を接続する導体のパターンが走っています。これが電気信号などを通す導体のラインです。ラインの両端にはランド、またはパッドといわれる円形または角形のパターンを置きます。このランドは部品を接続するところで、リード挿入型の電子部品、表面実装型の電子部品が取り付けられるとともに、両面板や多層板のスルーホールとの接続を行うところに設けられます。このラインとランドとの組み合わせで、部品の配置に合わせて絶縁板の内外に数多くの配線が作成されます。この配線パターンは、電子機器の機能や構造、使用される部品に合わせて設計されますので、そのパターン形状は千差万別のものとなります。

用語ミニ解説

インタースティシャルビアホール interstitial via hole：多層プリント配線板の接続を必要とする2つ、または、それ以上の複数の導体層の層間を接続するためのめっきをした穴で、プリント配線板を貫通していない穴。接続に必要な空間のみを占有するものである。インタースティシャルバイアホールには外層に設けられるブラインドバイアホールと、内層に設けられるベリードバイアホールがある。IVHと略記する。

用語ミニ解説

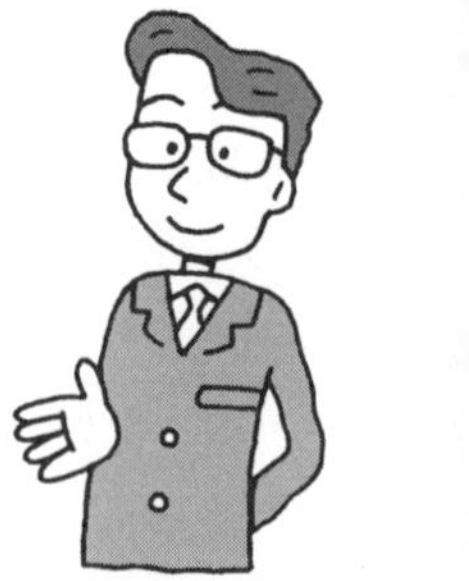

ランド land：プリント配線板の導体パターンで、配線用パターンの先端、あるいは、中間に設けた丸形、または、角形のパターン。挿入実装方式のプリント配線板ではこの部分に穴をあけスルーホールを形成して、層間接続や部品の端子の挿入に用いる。表面実装方式では部品端子用のパッドや層間接続の穴をあけて使用する。

ランドパターン land pattern：集積回路などの多ピン実装部品の端子を取付け接続する、プリント配線板上の部品に対する一組のランドの導体パターン。フットプリントともいう。

(a)めっきスルーホール多層プリント板（6層の例）

(b)部分スルーホール（IVH）を持つ多層プリント板

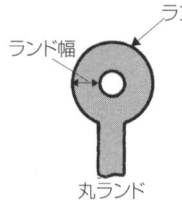

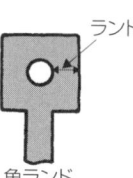

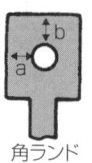

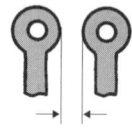

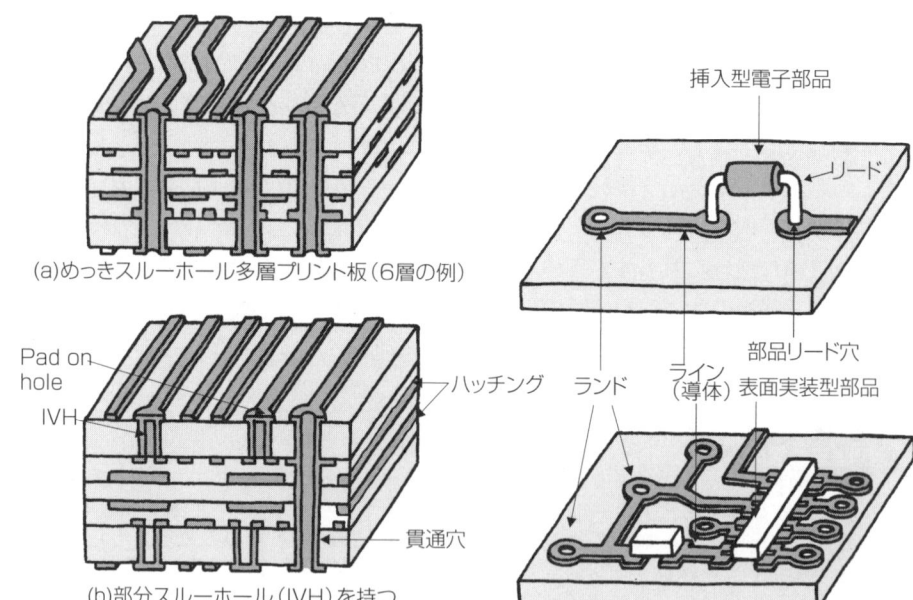

図1.3　多層プリント配線板の断面

図1.4　表面ランドとライン

1.3 プリント配線板の材料

　配線材料は導電性のある金属で、一般には銅が使われています。なお、プリント配線板には金、ニッケル、はんだなどの金属材料も使われますが、銅の表面処理に用いられ、配線材料としては非常に少ないと考えてよいものです。

　絶縁体には紙やガラス布などを入れた有機樹脂、セラミック板、シリコン板、フレキシブルな有機フィルムなどがあります。一般にプリント配線板というと、有機樹脂（硬質、軟質）よりなる配線板を指しています。有機樹脂としては、一度硬化するとその後は溶融しない熱硬化性の樹脂が使われます。特殊な場合には耐熱性のある熱可塑性の樹脂を使うこともあります。

　絶縁基板は機械的強度を持たせるために、補強材（基材といいます）として紙やガラス布などをを用い、これに樹脂をコーティングし、銅箔とともに硬化させて板状にしたものが使われます。これを、○○○基材△△△樹脂銅張積層板といいます。このような積層板には次のようなものがあります。

A) 紙基材フェノール樹脂銅張積層板
　　紙を基材としフェノール樹脂を絶縁材としたものです。
B) ガラス布基材エポキシ樹脂銅張積層板とプリプレグ
　　ガラス布を基材としエポキシ樹脂を絶縁材としたものです。
　　多層板の接着シートとしてエポキシ樹脂をガラス布に塗布し半硬化状の樹脂にしたものをプリプレグといいます。
C) ガラス基材耐熱樹脂銅張積層板とプリプレグ
　　耐熱性のあるエポキシ樹脂や耐熱性のある樹脂を用いた積層板とプリプレグです。樹脂としては
　　●ポリイミド（あるいはイミド樹脂）
　　●ビスマレイミドトリアジン樹脂（BT樹脂）
　　●アリル化ポリフェニレンオキサイド（PPE樹脂）
などがあります。
　本書では、この有機樹脂によるプリント配線板のできるまでを説明します。

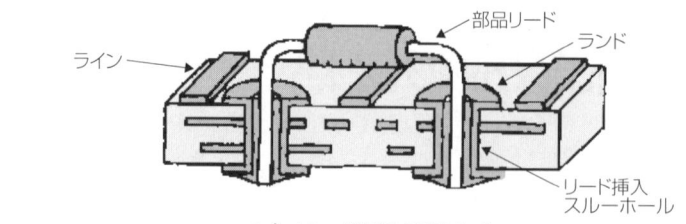

(a) リード挿入実装方式

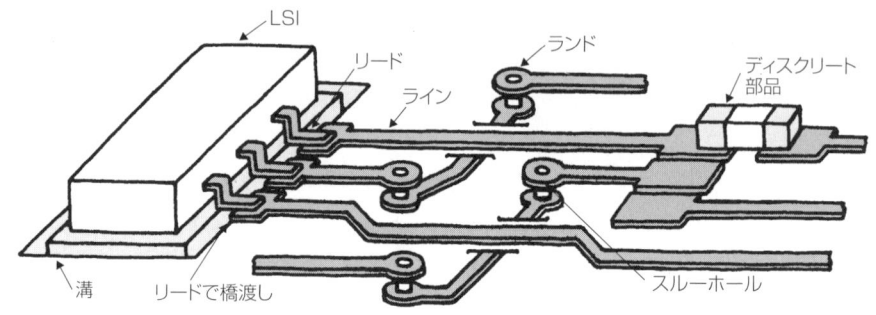

(b) 表面実装方式と多層板の接続構造

図1.5 部品実装の例

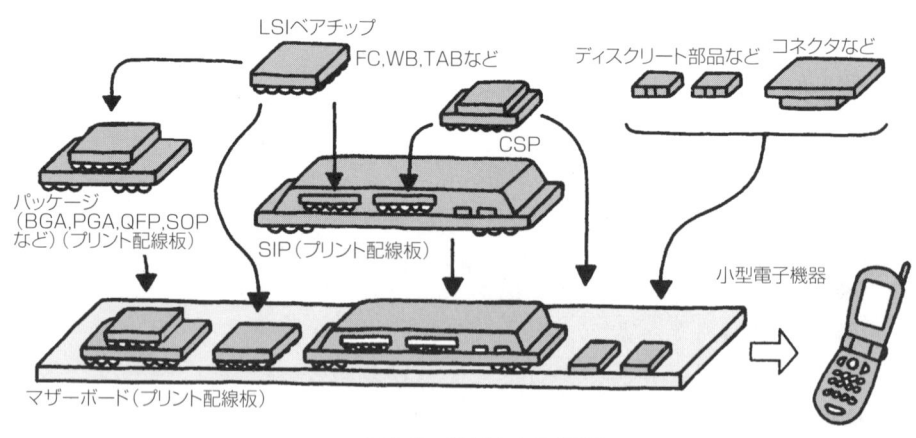

図1.6 部品より回路板へ

1.4 電子部品の実装から パッケージ実装へ

　プリント配線板に電子部品を配置し、はんだで接続することを部品の実装といいます。そこで、図1.5に示したように、電子部品を穴に挿入してはんだ付けを行う方式をリード挿入実装方式、部品を配線板表面のランドにはんだで接続する方式を表面実装方式と呼んでいます。

　LSIは図1.6のように、チップをパッケージの基板にのせ、これをプリント配線板であるマザーボードにのせて接続します。ここにはディスクリート部品も搭載して電子回路としての機能をもった回路板とします。ここで、約10年前まではLSIパッケージはセラミック基板が用いられ、この中に半導体チップを収容してパッケージとし、プリント板のパターンに接続していました。しかし、その後、パッケージの基板材料として有機樹脂の基板が開発され、この基板上に半導体チップを搭載し、LSIのパッケージとするようになってきました。この有機樹脂のパッケージの台となっている基板にプリント配線板が使われています。この基板の名称をインターポーザともいいます

　LSIチップは半導体ウェーハ上で纏めて作られ、切り出した個々のチップを配線板である基板に載せ、パッケージとしています。このプリント配線板は細部が少し異なところはありますが、基本的に同じプロセスで作られます。パッケージの種類として、Pin Grid Array(PGA)、Ball Grid Array(BGA)、Chip Size Package(CSP)などがあります。CSPはチップの大きさと基板の大きさがほとんど同じパッケージをいいます。

　部品間の接続距離は短いほど、性能が高くなります。LSIのパッケージを通して、モジュールを作ろうとすると、実際のLSIの半導体チップ内の配線に比べ長くなります。これをより短くするために、パッケージを用いないで、チップをプリント配線板上に直接載せ、導体配線と接続しようとしています。これをベアチップ実装といっています。LSIのパッケージの中は当然半導体チップがインターポーザに載せられ、配線されているのですから、これをプリント配線板に載せて配線しようとする考えは当然出てきます。

(a)ワイヤボンディング

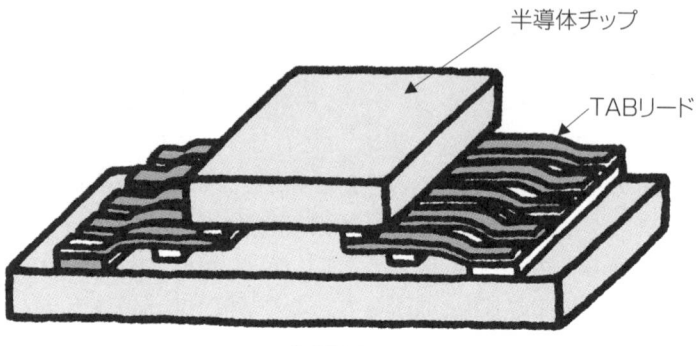

(b)TAB

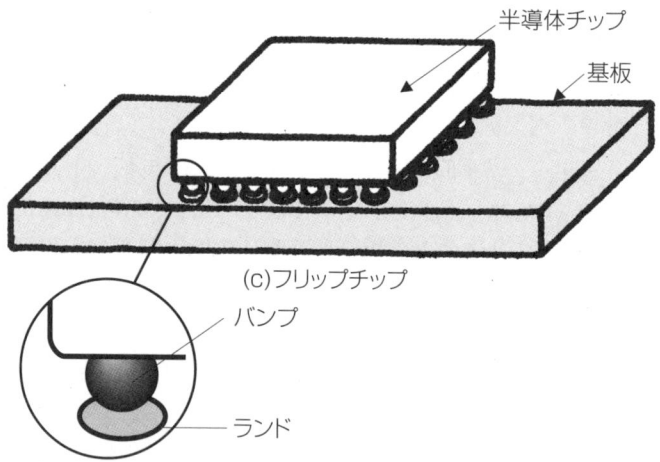

(c)フリップチップ

図1.7 ベアチップの接続方式

ベアチップ実装法には3つの方法があります。
・ワイヤボンディング接続
・TAB接続
・フリップチップ接続
です。

　図1.7に示したように、(a)はワイヤボンディング接続(WB)で、半導体チップの上面のパッドとプリント配線板のパッドを金やアルミニウムの細線で接続するものです。(b)はTABで、正式にはテープオートメイテットボンディングといいます。これは、フレキシブルプリント配線板にチップと基板を接続する配線を形成し、これにチップを搭載しておき、基板に接続するものです。(c)のフリップチップ接続(FC)はチップに接続バンプを作り、このバンプで基板と接続するものです。この方式は、チップの全面よりリードを引きだし、接続できるので、数多くの接続点を作ることができます。パッケージの中でチップを基板に接続する場合、ベアチップ搭載となります。しかし、マザーボードといわれる有機樹脂のプリント配線板に直接ベアチップを搭載しようとする動きがあまり進まないうちに、有機材のインターポーザ基板に搭載するパッケージが実用化されてきました。

　このように電子部品を搭載、接続するのがプリント配線板ですが、この本ではその中で、多層板を中心に話を進めます。しかし、片面板、両面板の作る方法もこの多層板の中に入っていますので、そのつど触れることにします。

第2章 プリント配線板の種類と構造

2.1 プリント配線板をみてみると

　プリント配線板は、電子部品を搭載、はんだ付け接続し、支持するためのものです。プリント配線板の上に載る部品は電子機器の性能目的により千差万別です。

　プリント配線板を分類すると、図2.1のようになります。プリント配線板は硬い板のリジッド板と柔軟なフレキシブル板があります。また、プリント配線板は内外の導体層の層数により分類されています。リジッド板では導体層の数に応じ、片面板(1層板)、両面板(2層板)、3層以上を纏めて、多層板と呼ばれています。リジッド板は数多く生産されているために、断らないかぎりはリジッド板をいうので、ここでもそれに倣います。

　フレキシブル板は呼び方が複雑で、導体層の数により1メタル板、2メタル板、多メタル板と呼ばれています。単に2層板、3層板というと、フレキシブル板の絶縁層を含め全ての層構成をいいます。3層板とは絶縁基板であるフレキシブルフィルム(ポリイミド、ポリエステルなど)に銅箔を接着するための接着材の層を設けて接着している構成のものです。2層板は絶縁基板に直接銅の層を形成したもので、その作成法は種々のものがあります。2メタル板、多メタル板について、この言い方をすると大変複雑となるので、実際には1メタル板についてのみにいっています。

2.1.1　片面プリント配線板（1層板）

　絶縁板の片側に導体層を形成するもので、図2.2のように通常は銅箔を積層した片面銅張積層板より、銅箔をエッチングで選択的に溶解することにより必要な導体を残し、部品を搭載をするものです。配線が1平面にあるため、配線が交差するような複雑な回路を構成することはできませんが、コストを低く抑えることが可能と

1導体層

- リジッド ── 片面プリント配線板
- フレキシブル ── 1メタル層板（2層式、3層式）

2導体層

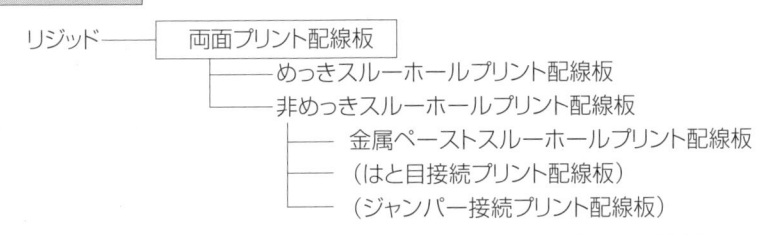

- リジッド ── 両面プリント配線板
  - めっきスルーホールプリント配線板
  - 非めっきスルーホールプリント配線板
    - 金属ペーストスルーホールプリント配線板
    - （はと目接続プリント配線板）
    - （ジャンパー接続プリント配線板）
- フレキシブル ── 2メタル層板 ── めっきスルーホールプリント配線板

| 多導体層 | （3導体層以上）
|---|

- リジッド ── 多層プリント配線板
  - めっきスルーホール法
    - 一般多層プリント配線板（4～10層）
    - 超高多層プリント配線板（10～20層＋）
    - 薄型多層プリント配線板（4～8層）
    - IVH・シーケンシャル多層プリント配線板
      (Buried Via, Blind Via, Surface Buried Via, Pad On Hole, Sequential Lamination....)
    - 展開型 ── 金属コア多層プリント配線板
              ── 金属ベース多層プリント配線板
  - 新方式プロセス法
    - めっき法ビルドアップ法プリント配線板
      （樹脂つき銅箔、銅箔／プリプレグ
      熱硬化性樹脂、感光性樹脂）
    - 導電性ペースト法ビルドアッププリント配線板（ALIVH, B^2it, etc.）
    - ビルドアップ転写法プリント配線板
    - 転写法プリント配線板
    - 柱状めっきビルドアップ法
    - 1括積層法（銅張積層板ー柱状めっき法、転写・熱硬化性樹脂ー導電性ペースト法、熱可塑性樹脂ー導電性ペースト法）
- フレキシブル ──────── 多メタル層フレキシブルプリント配線板
- フレクスリジッド ──────── フレクスリジッド多層プリント配線板

図2.1　プリント配線板の分類

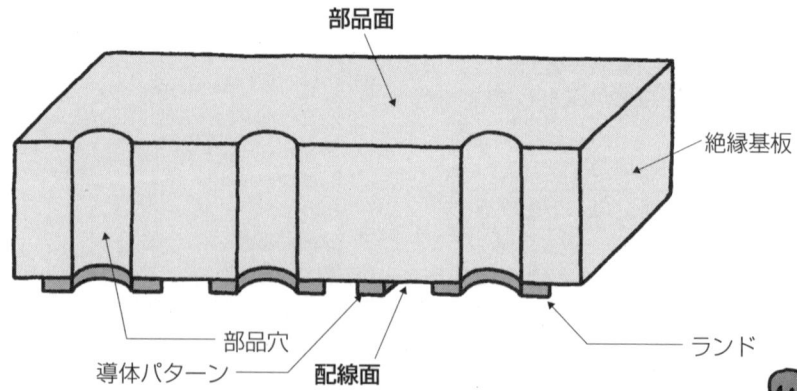

図2.2　片面プリント配線板の断面図

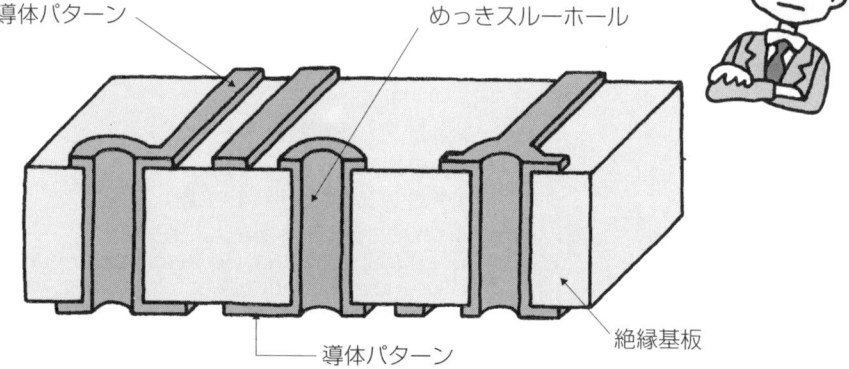

図2.3　両面プリント配線板の断面図

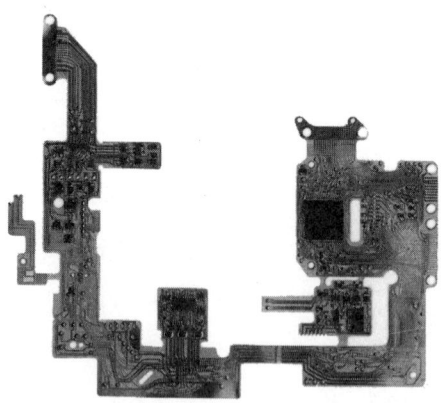

図2.4　フレキシブルプリント配線板（2メタル層）の例

なるものです。材料もコストを抑えるため、紙基材フェノール樹脂積層板が用いられています。リジッド板の場合、この上に種々の電子部品を搭載します。なかには重いものがあるので重量に応じた強度を持っている板を使います。板厚は1.6mm程度のものが多く使われています。

　導体はランドとラインより構成されますが、電気信号を通すラインは細くてよく、電流の多い電源はグラウンドのパターンは幅広く、ときには面状のパターンとしています。

　フレキシブルプリント配線板の1メタル板は絶縁フィルムの片側に導体を形成したもので、耐熱性のあるポリイミドフィルムと耐熱性の不要なところに使われるポリエステルフィルムのそれぞれが使われています。

2.1.2　両面プリント配線板（2層板）

　図2.3のように、リジッドの絶縁板の両面に導体パターンのあるプリント配線板をいいます。この場合は、両面の配線で立体交差をすることができるので、片面板に比べより密度の高い配線をすることができます。この板では表裏の接続をしなければなりません。これを立体配線、Z方向配線といっています。その方法として、金属線のジャンパー線で接続する方法、はと目で接続する方法、導電性ペーストで接続する方法、および、めっきで接続する方法があります。この中で、前2者は手間がかかり信頼性の問題があるので、ほとんど使われなくなりました。

　導電性ペーストで接続する方法は、両面板の接続をする部分にパンチやドリルで穴をあけ、ここに印刷法で導電性ペーストを充填して表裏を接続するものです。この方法は安定した接続を得ることができますが、適用は両面板が主となります。めっきで接続する方法はめっきスルーホール法といい、現在最も普及している方法です。この方法は穴の内壁にめっきを行い、表裏のパターンと一体で形成する方法で、信頼性も高いものです。めっきスルーホール法に用いる絶縁板はめっきに適するものを用いますが、紙基材は不適当で、ほとんどがガラス布またはガラス不織布基材が用いられています。本書では、めっきスルーホール法を中心に説明します。

　導体のパターンは片面板の場合と同じように、同一面内に信号と電源グラウンドの導体を混在させることが一般的です。

　フレキシブルプリント配線板では、図2.4のように、絶縁フィルムの両面に銅箔を積層したラミネートシートを用いてパターンを作成し、めっきスルーホール法で接続しています。この銅箔の接着の方法で、1メタル層プリント配線板で2層式、3

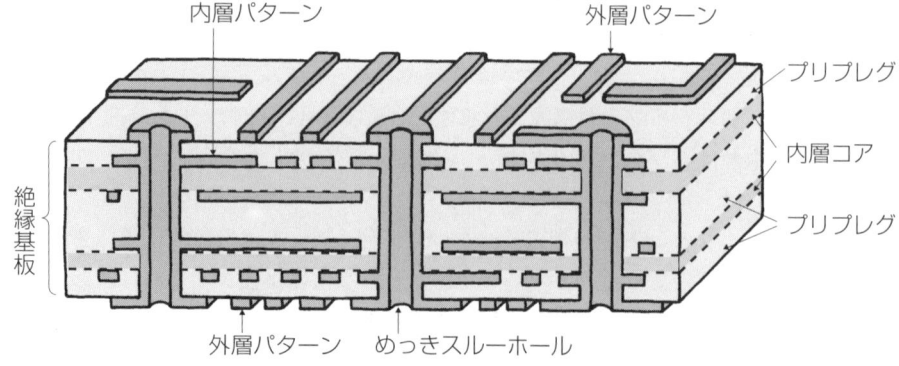

(a) めっきスルーホール多層プリント板の模式図

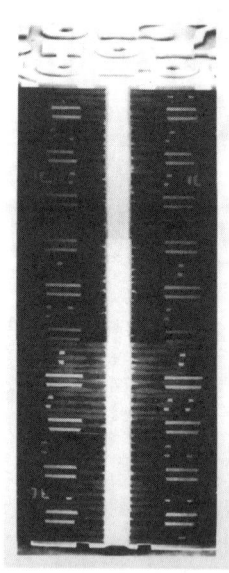

(b) 42層のめっきスルーホールの断面

**図2.5　めっきスルーホール多層プリント板の構造
（写真提供：富士通（株））**

層式があるように、3層式、5層式があります。フィルムは薄いので、導電性ペーストを用いる接続法も開発されています。

2.1.3 多層プリント配線板

　半導体素子の高集積化により、LSIの高性能化と小型化、および、部品のリード数が急速に増加、これらを接続する配線量は飛躍的に増えてきました。このため、絶縁板の両面の配線では不足で、図2.5のように板の表面だけでなく、内部にも配線を行う多層プリント配線板に対する要求は大きくなってきました。

(1) めっきスルーホール多層プリント配線板

　めっきスルーホール多層プリント配線板は、図2.5（a）のように絶縁基板にガラス布エポキシ樹脂積層板、または、ガラス布高耐熱樹脂積層板を用います。始めに内層の導体パターンを薄い積層板上に形成し、これをプリプレグという接着シートで必要数を積層接着し、1枚の板にします。これに穴をあけ、穴内の壁面、表面にめっきスルーホール法でめっきを行い、内外層を接続します。その後、表面パターンを作成します。このプロセスで、穴あけ以降は全く両面板のプロセスと同じです。

　多層板は導体層が3層以上のものをいいます。重ねる導体層の数は機器に応じ設計されるので、3層以上50層のように高多層のものが作られています。図2.5（b）に42層の例を示しました。この層数はプリント配線板に入れる配線の量により変わるので、配線の微細化で層数が減ったり、性能向上で増加したりと変動があります。

　導体配線は信号と電源、グラウンドとを分離して配線するようになりました。小型・軽量化のために絶縁層の厚さを薄くすることもあります。特に小型、軽量化の場合、全体の厚さ、層間の厚さをできるかぎり小さくする方向に進んでいます。高多層板では部品の重量とともに大電流を必要とすることがあり、内層の電源・グラウンド層の厚さを100〜200μmと大きくすることがあります。

　プリント配線板の信号配線は高密度化にともない微細なものとなってきました。また、スルーホールめっきで立体接続をしますが、表面実装方式となって、穴は接続だけに使われることになります。この穴径を小さくすることにより配線密度を高くすることができます。しかし、スルーホールは板の表裏を貫通しているので、接続に必要ない空間を占有することになり、そこが配線のできない無駄な空間となっています。このため、内層をめっきスルーホール板で作成し、内層に部分的な接続

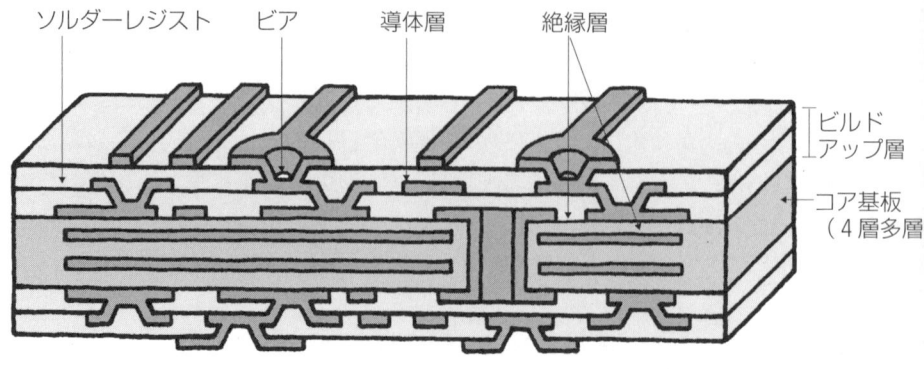

図2.6 ビルドアップ多層プリント配線板の断面図

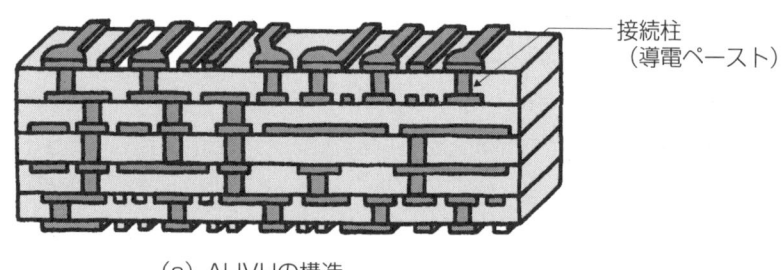

(a) ALIVHの構造

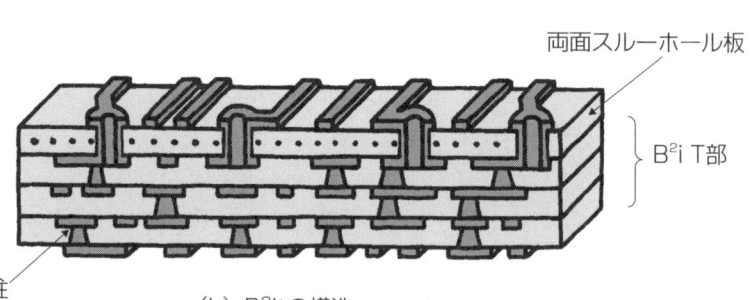

(b) B²itの構造

図2.8 導電性ペースト接続ビルドアッププリント配線板

をもつ図1.3 (b) のようなIVH方式が考えられました。

また、電気特性の向上のために特性インピーダンスを合わせることが必要になります。この場合、信号の通る導体とグラウンドを相対させ、信号線の幅、厚さ、グラウンドとの距離、その間の誘電率などを厳密に決めた構造とすることもあります。めっきスルーホール多層プリント配線板は、多層板の基本として広く導入され、配線法など設計に関するものは他の形式のプリント配線板へも応用されています。

(2) ビルドアップ多層プリント配線板

　ビルドアップ多層プリント配線板は、図2.6に示すようにコアとなるプリント配線板の上に、絶縁層を作り、この表面に導体パターンを作ります。この導体パターンと形成した絶縁層の下にある導体パターンと接続をするために微細な穴をあけ、めっきで接続します。この穴をビアといいます。このようにして、下にある導体パターンと接続のできた導体層と絶縁層の1組が完成します。これを繰り返すことにより、絶縁層と導体層とを積み上げていきます。このように、積み上げ方式により多層プリント配線板を作成する方法をビルドアッププリント配線板と呼びます。

　この方式のプリント配線板の特徴は、下の導体と必要なところを接続するので、接続するビアの空間が小さくなることで、ビアの径を小さくし、ライン幅、間隔を微細にすることで高密度配線をすることができることです。ビルドアッププリント配線板の例を図2.7に示しました。

　歴史的には1967年ごろより考えられてきたものですが、1991年に日本IBMで開発されてから注目を集め、プロセス、材料、装置の開発と相まって、急速に実用化されてきたものです。携帯機器をはじめ多くの機器に使用されるようになっています。

(3) 導電性ペーストによる接続ビルドアッププリント配線板

　導体の上下の接続は一般的にめっきで行われますが、めっきを使わずに接続するものとして、導電性ペーストを用いるものが開発されました。図2.8に示すものです。(a)はALIVHといわれるもので、アラミッドといわれる有機材料の繊維を用いた不織布に樹脂を含浸したプリプレグを用い、これにレーザで穴をあけ、銅の導電性ペーストを入れ、銅箔と組み合わせ、積み上げて作っていくものです。(b)はB²it といわれ、銀の導電性ペーストの円錐状の柱を作り、接着シートを貫通、銅箔と圧接して積み上げていくものです。それぞれ特徴があり、それを生かすような使われ

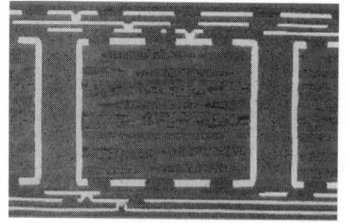
(a) ビルドアップ配線板の例

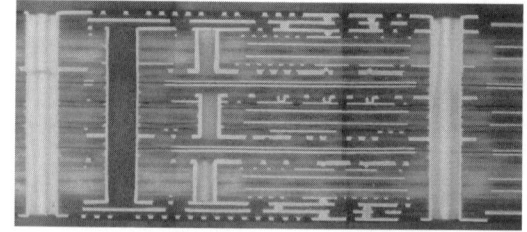
(b) 複雑なビルドアップ配線板の例

図2.7 ビルドアッププリント配線板の断面（写真提供：富士通（株））

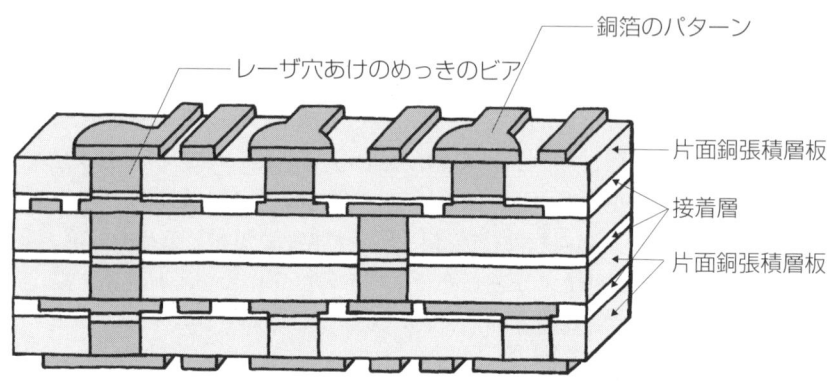

図2.9 片面銅張積層板—めっき柱による一括積層法

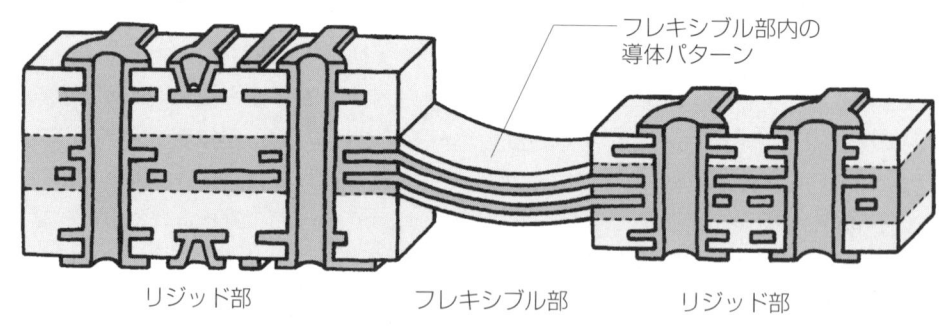

図2.10 フレクスリジッドプリント配線板

方をしています。

(4) 一括積層プリント配線板
　一括積層法は多層板の個々の層を予め作り、接着シートで一括で接着する方式です。この一括積層法には数多くのプロセスが提案されていますこのうちで典型的な構造のものが図2.9に示したものです。この図のものは片面銅張積層板を用い、ビアとなるところに絶縁層をレーザで穴をあけ、この穴の中に柱状のめっきを行います。銅めっきに次いではんだめっきをし、絶縁面に接着材をコーティングします。これを必要数重ね、積層プレスで圧力と熱を加えて接着します。このようにして、図2.9の構造のものができ上がります。

　この接続に導電性ペーストを用いる方法もあります。これらについては後記します。

2.1.4 フレキシブルプリント配線板
(1) フレキシブルプリント配線板
　フレキシブルプリント配線板でも多層板があります。3～4層程度はフレキシビリティはありますが、それ以上になると柔軟性は大きく低下します。しかし、基材に用いているポリイミドが耐熱性を持っているのでその特性の必要のあるところに適用されています。構造はリジッドの多層プリント配線板と同じで、めっきスルーホールにより接続しています。

(2) フレクスリジッドプリント配線板
　フレキシブル多層プリント配線板で最も注目されるのはフレクスリジッドプリント配線板と考えられます。これは、図2.10のように、小型の狭い筐体の機器のなかで、種々な機能を持つ部品を搭載したプリント回路をコネクタやはんだの接続ポイント無しで接続するために考えられたものです。リジッド部に部品を搭載し、フレキシブルプリント配線板をリジッド部の内部まで配置して直接接続する構造です。材料はリジッド部にはエポキシ樹脂、フレキシブル部にはポリイミドフィルムとするものと、リジッド部、フレキシブル部ともにポリイミドフィルムで構成するものがあります。最近は携帯機器の多くに使われるようになってきました。

　図2.10はブラインドビアをもち、両側の板の厚さや層構成については違うものが書いてありますが、多くの場合は両方とも同じにしています。さらに複雑なもので

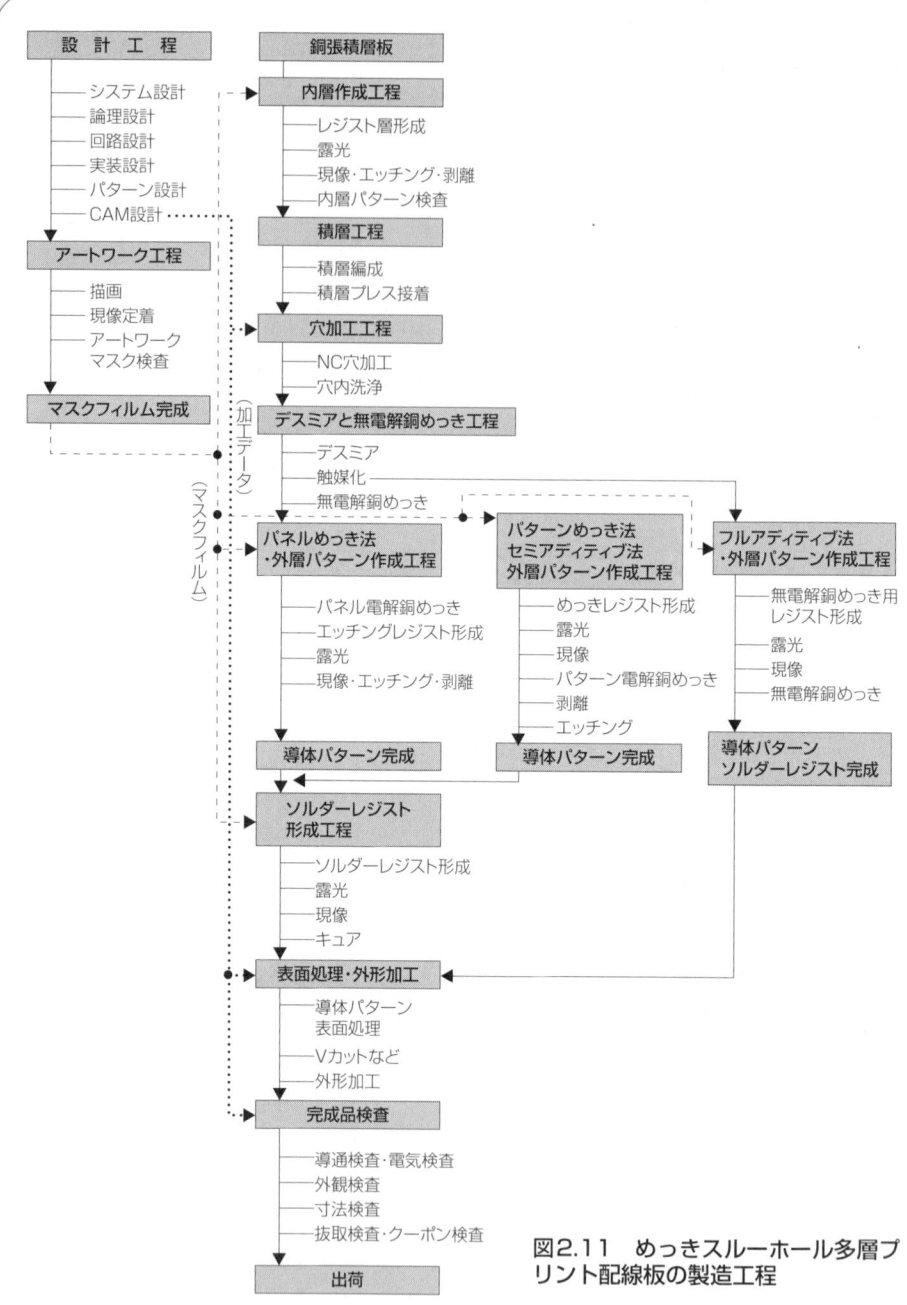

図2.11　めっきスルーホール多層プリント配線板の製造工程

は、フレキシブル部が四方八方に、また、同じところより、二重三重に引きだされ、リジッド部をいくつも繋いだものも作られています。このようなものは航空宇宙機器、防衛機器に見ることができます。

2.2 めっきスルーホールプリント配線板の製造工程

　スルーホール穴の中にめっきをすることで、導体層間を接続する方式をめっきスルーホールといい、この方式で作られたプリント配線板をめっきスルーホールプリント配線板と呼びます。この方式を用いるものに、両面プリント配線板と多層プリント配線板があります。このプロセスには数多くの製造に関する技術が組み合わされています。その中には、片面プリント配線板を作るときのプリントエッチング方式も含まれています。本書では、めっきスルーホール多層プリント配線板のできるまでを詳しく説明していきます。その製造工程を**図2.11**に示しました。

　この図では、CADで行う設計からCAMを経て、製造に必要な加工データを作成する工程、マスクフィルム（または乾板）を作るアートワーク工程、それらを使うことにより、実際のプリント配線板の完成に至るまでの工程を示しています。

　次章より、これらの製造工程について説明します。また、ビルドアッププリント配線板は、その技術がめっきスルーホールの技術と重なるところが多いので、必要に応じ説明を加えていきます。

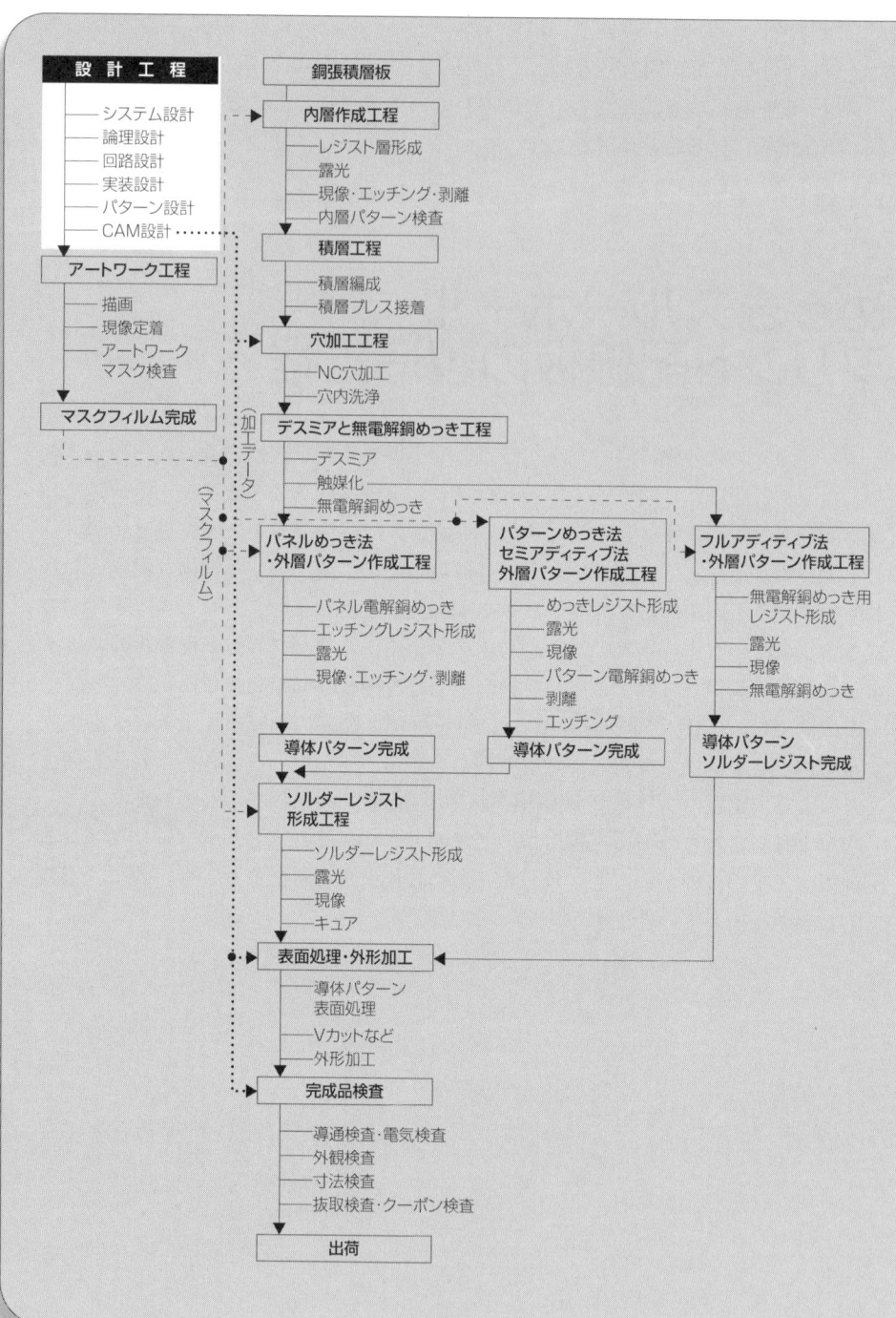

第3章 パターン設計工程

　プリント配線板のプロセスは数多くありますが、多層プリント配線板が最も普及しています。そこで、このめっきスルーホール法を中心に解説します。

3.1 CAD設計のフロー

　設計工程は、図3.1に示すように、装置のシステムの設計を行い、電子機器としての性能・仕様を決定することから始まります。ここまでは装置メーカーで行なうことになります。この後は装置メーカーまたはプリント配線板メーカーとの共同作業になります。性能・仕様を決めることにより、論理回路図が作られ、同時に、機器を入れる筐体や機器全体の発熱に対する熱設計が行われます。これらに次いで、論理回路図より実際の部品を用いた回路図を作りますが、ここで、どのような電子部品を用い、また、プリント配線板としてどのようなものにするかを決定します。この後、部品の配置、接続の方法などの実装設計、配線パターンの設計と進みます。ほぼ決まったところで、回路特性のシミュレーションや部品の発熱状況のシミュレーションなどを行います。

　このような過程で、配線のデータが作られますが、製造にかかる前に、データのチェックを行い、時には修正を行うことで、プリント配線板に必要な種々の設計の情報のファイルができ上がります。ここで説明した部品配置、接続の導体パターン設計、回路特性のシミュレーション、熱のシミュレーション、データのチェックなどはコンピュータの助けを借りて行っています。このようなシステムをCAD(Computer Aided Design)システムと呼ばれプリント配線板に関するデータばかりでなく部品実装に関するのデータも作られます。

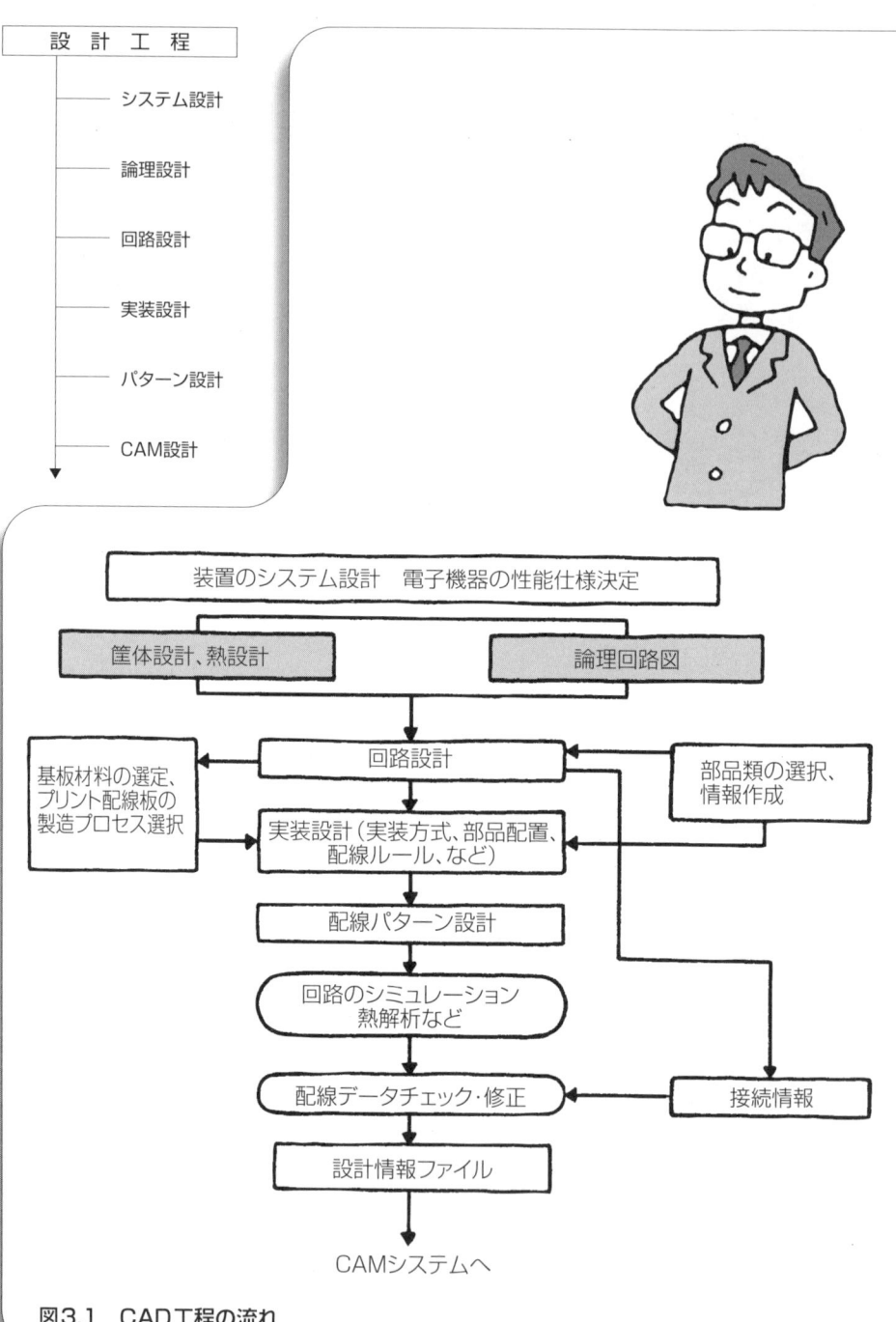

図3.1 CAD工程の流れ

3.2 プリント配線板の仕様の決定

　プリント配線板の設計にあたって、部品情報の他に、実装方式、材料、配線ルール、製造プロセスなどを考慮する必要があります。

　ここで、プリント配線板を設計するために必要な事柄を考えます。

(1)半導体デバイスの種類とその外形寸法、リード端子のI/Oピン数、端子ピッチ

　選ばれた電子部品、特にLSIは数多くのI/Oピンを持っています。これを取り付けるためのパッドをプリント配線板上に用意するために、部品の外形寸法、ピンの大きさ、ピンのピッチ、間隙などを確認します。また、その部品の取り付けのピンがリード型となっているか、バンプ型となっているか、また、ベアチップで微細なバンプであるか、などを十分に確認します。

(2)ディスクリート部品の種類とその外形寸法とI/Oピンの変化

　LSIと同じように、部品の外形寸法やリードのあるかないか。また、リードはピン挿入型か、表面実装型かを確認することが必要となります。リードのないチップ部品では1.0×0.5mmや0.6×0.3mm、0.4×0.2mmのような小さいものが使われています。

(3)部品の実装方法

　上記のように、部品の形状が実装方式により異なりますが、ピン挿入方式、表面実装方式かによりプリント配線板の作り方に影響を与えるので方式を決めることが必要になります。電気特性を向上するために部品間の接続距離を短くすることが必要になり、部品を小さくして密度の高い実装をすることになります。現在では多くの場合、表面実装方式となっていますが、なかには両方式が混在していることがあります。

(4)プリント配線板の電気特性

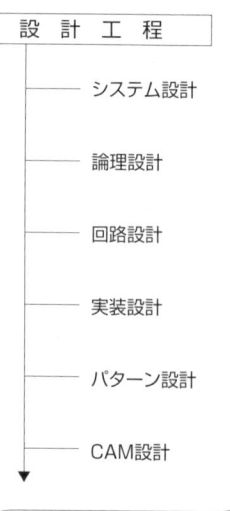

表3.1　プリント配線板の配線ルール

	一般的レベル	高密度レベルI	高密度レベルII
導体ライン幅	150～100μm	100～50μm	50～10μm
導体ライン間隙	150～100μm	100～60μm	50～20μm
ビア径	500～200μm	200～80μm	80～30μm
ランド径	1200～500μm	500～200μm	200～80μm
層数	4～8層	6～12層	6～20層
層間間隙	200～40μm	80～40μm	50～20μm
全板厚	0.4～2.0mm	0.4～1.2mm	0.3～0.8mm

　プリント配線板は電気部品の1つですから、電気特性は重要です。直流的には導体の電気抵抗、導体間の絶縁抵抗が重要となり、信号がパルスで導体パターンのライン上を動くので、特性インピーダンス、遅延時間など交流的な特性が要求されます。これらが、パターンの作成、材料の選択に大きく影響するので、どのような特性を持たせるかを考えることが大切になります。

　電気特性については、3.4節でくわしく説明しました。

(5)プリント配線板の配線ルール

　配線ルールとは、主としてプリント配線板の寸法の規定を現したもので、パターンの配線幅や間隙、導体厚さ、ビアの径、ランド径、全板厚、層間隔に多層プリント配線板での導体層の層構成、配線層数、ソルダーレジストの厚さなど、および、プリント配線板の外形形状や寸法などを示すものです。この値により、実際に製造する場合の工場設備、工場内の管理方法などに大きく影響します。現在では性能を高いものにするために、高密度配線を目指しているので、寸法は製造するためには大変むずかしいものとなってきています。表3.1に配線ルールの例を示しました。

(6)プリント配線板の形式、プロセスなどの選択

　前章で説明したように、プリント配線板の形式、プロセスは非常にたくさんあり

ます。いずれを選択するかにより製造プロセスは大きく変わります。ここで説明するめっきスルーホール法を考えても、一般的なめっきスルーホール多層プリント配線板や、ビルドアップ多層プリント配線板があります。電子機器に使われるプリント配線板として最適になるように形式を選定し、プロセスを決定します。

(7)プリント配線板の基板材料の選択

　プリント配線板は導体とともに、それを支持する絶縁基板は重要なものです。導体間の絶縁を確保し、部品を支持する強度を持たせるなどの役割をしています。また、信号が速い速度になると、特性インピーダンスや信号伝搬速度などが重要となり、材料の誘電率、誘電体損失などが関係するのでその特性の向上が要求されます。これらを満足させるために種々な材料があります。

　片面板にはフェノール樹脂材が多く、めっきスルーホールにはエポキシ樹脂材が用いられます。信号の高速伝搬のためには、誘電率が小さく、誘電体損失も小さいものが必要なので、それに対する材料も開発されています。耐熱性を必要とするところでは耐熱性エポキシ樹脂、ポリイミドなどが使われます。このほか、寸法安定性のよい材料、反りねじれの少ない材料、熱収縮の少ない材料などが開発されています。

　フレキシブルプリント配線板用には耐熱性を必要とし、はんだ付けを行う場合、ポリイミドフィルムが用いられます。カーボンインクなどの印刷で、はんだを使わないところではポリエステルフィルムが用いられています。現在では、フレキシブルプリント配線板も複雑になり、多くの場合、ポリイミドフィルムが使われています。最近では耐熱性のある熱可塑性材料として、液晶ポリマーが注目されています。

　ビルドアッププリント配線板用の材料としては、感光性絶縁材、熱硬化性絶縁材と樹脂付き銅箔があります。樹脂の多くはエポキシ系ですが、他の材料も開発されています。形状として、液状のもの、フィルム状のものがあり、目的に応じ、選択します。

(8)プリント配線板の表面処理

　プリント配線板は、導体パターンが完成しても商品としては半製品で、配線板上に電子部品を搭載し接続することで電子回路が完成します。電子部品は導体パターンのパッド、またはランドにはんだ付けされます。あるいは、接触により接続することもあります。したがって、パッドの表面はこのようなことが出来るような清浄

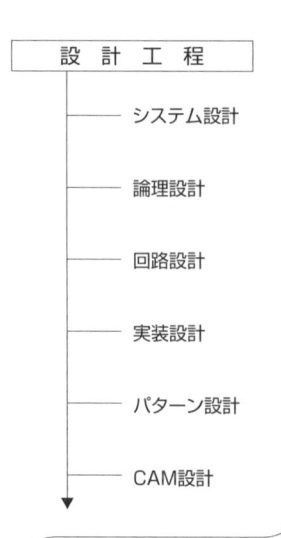

設計工程
- システム設計
- 論理設計
- 回路設計
- 実装設計
- パターン設計
- CAM設計

用語ミニ解説

外層パターン external layer pattern：多層プリント配線板の外層に形成されたパターン。外層には、信号用配線や部品実装用ランドなどの導体パターンや、それらの導体パターンを保護するためのソルダレジストのパターンなどがあるが、一般には、導体のパターンをいう。

内層パターン internal (inner) layer pattern：多層プリント配線板の内部の層の導体の回路配線図形。内層の導体パターンは信号層、電源層、グラウンド層と種類がある。信号層は、層間接続の穴をあけるランドと細かい導体からなり、クロストークや配線長を考慮して、スルーホールに接触しないようクリアランスホールをあけたところ以外は全面が銅箔のものや、格子状のものなどが使われる。場合によっては、混在するものもある。電源層、グラウンド層は信号層の間の遮蔽の役目を果たし、特性インピーダンスの制御やクロストークの低減の役目も果たしている。

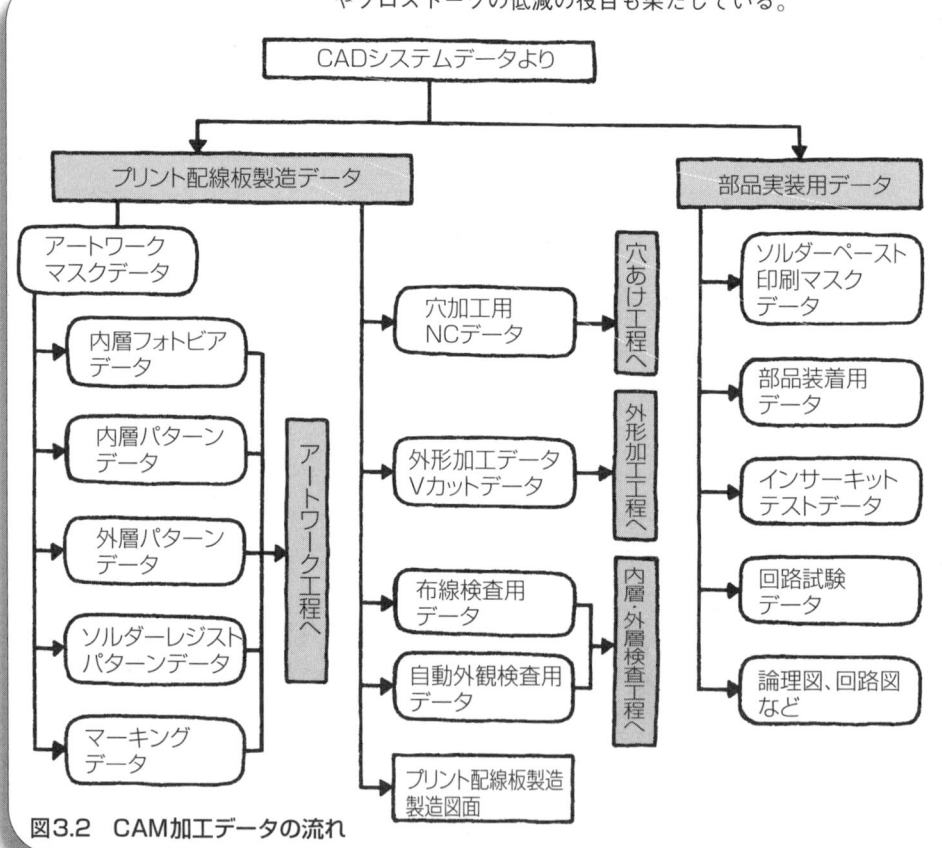

```
CADシステムデータより
├─ プリント配線板製造データ
│   ├─ アートワークマスクデータ
│   │   ├─ 内層フォトビアデータ → アートワーク工程へ
│   │   ├─ 内層パターンデータ → アートワーク工程へ
│   │   ├─ 外層パターンデータ → アートワーク工程へ
│   │   ├─ ソルダーレジストパターンデータ → アートワーク工程へ
│   │   └─ マーキングデータ
│   ├─ 穴加工用NCデータ → 穴あけ工程へ
│   ├─ 外形加工データ Vカットデータ → 外形加工工程へ
│   ├─ 布線検査用データ → 内層・外層検査工程へ
│   ├─ 自動外観検査用データ → 内層・外層検査工程へ
│   └─ プリント配線板製造製造図面
└─ 部品実装用データ
    ├─ ソルダーペースト印刷マスクデータ
    ├─ 部品装着用データ
    ├─ インサーキットテストデータ
    ├─ 回路試験データ
    └─ 論理図、回路図など
```

図3.2　CAM加工データの流れ

な面を持っていなければなりません。そのためパッドの表面は目的に従って色々な処理を行います。はんだ付けのためには溶融したはんだをコーティングするはんだコート（Hot Air Solder Leveling, HASL）、はんだ付け時に活性化するプリフラックスのコート、あるいは、金を最外層した金一ニッケルめっき処理などを行います。ワイヤボンディング用には金一ニッケルめっき、接触接続の場合にも金一ニッケルめっきを行います。

(9)製造に関する設定

　客先には行かないのですが、製造段階で必要なこともここで設定を行います。それには次のようなものが考えられます。
・製造パネルの大きさとプリント配線板の取り数、
・クーポンなどの補助パターンの添付
・品質保証のレベル
・製造数、納期など生産管理関連の事項などが考えられます。

3.3 CAMシステムによる製造情報の作成

　プリント配線板の仕様を決定し、CADシステムより設計情報が作られると、これを加工し、実際に工場の装置に使われるようなデータに加工されます。この流れを、図3.2のCAMシステムで示します。プリント配線板の製造データとしては次のものがあります。

(1)アートワークマスクデータ

　これは、プリント配線板の導体パターンやソルダーレジストパターンを作成するために、ポリエステルフィルム、またはガラス乾板にパターンを描くときにアートワーク作成装置を駆動するためのデータです。
　種類として、
　・内層パターンデータ

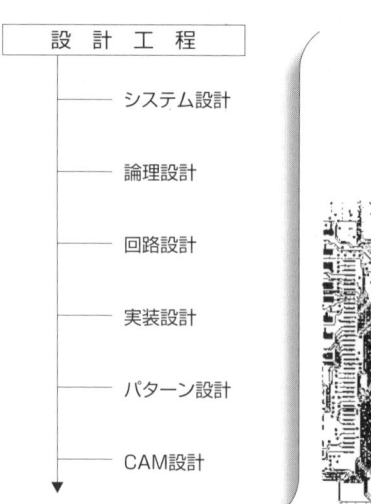

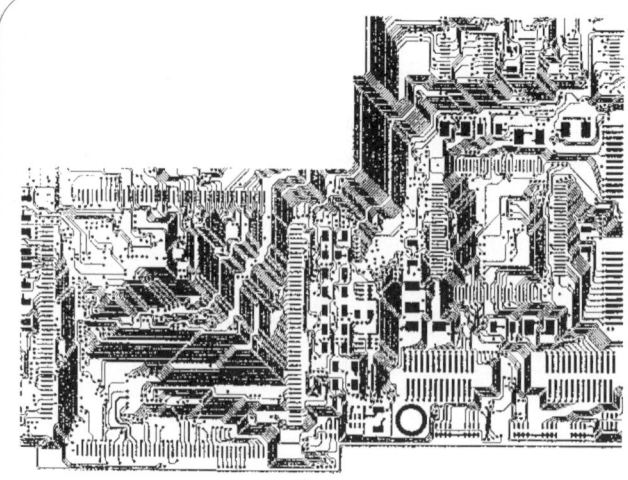

```
設 計 工 程
  ├─ システム設計
  ├─ 論理設計
  ├─ 回路設計
  ├─ 実装設計
  ├─ パターン設計
  └─ CAM設計
```

図3.3　CAMデータより作成したアートワークフィルム例

・外層パターンデータ
・ビルドアッププリント配線板のフォトビア用データ
・ソルダーレジストパターンデータ
・マーキングパターンデータ

などです。

　これらのデータのうち、外層パターンのデータにより作られたアートワークフィルムのパターンの例を**図3.3**に示しました。

(2)穴加工データ

　これは穴加工用の数値制御(NC)用データで、
・貫通ホール加工用データ
・IVH加工用データ(多層板の内部の部分スルーホール加工)
・ビルドアップのレーザ穴加工用データが作られます。

(3)外形加工用データ

　プリント配線板は有機樹脂を用いて作られているので、外形は比較的容易に色々な形に加工ができます。この加工はルーターにより行うので、加工用データが必要で、このデータもCAMシステムで作ります。その他、板の中間までキズのようなV状の溝付け加工を行い、部品搭載後、この線よりカットするVカット加工データ

も作成することができます。

(4)自動検査用データ

内層パターンや完成後のプリント配線板の検査に自動布線試験機、光学的自動外観検査機が使用されるようになってきました。これらの検査機の検査に使うデータをCAMシステムで作成します。

(5)図面の作成

すべて、コンピュータのデータで作られるように見えますが、プリント配線板の図面との照合も必要になります。このために、必要に応じ作成できるようにそのデータを用意します。

以上のように、CAD，CAMシステムによりプリント配線板を作るに必要なデータが用意されます。機械、装置によりデータのインターフェースが異なることが多いので、CAMシステムではこのデータ変換も行います。

供給されたデータは工場で流れてくるプリント配線板の製造パネルに合わせて用いることにより、種々のパターンを持つプリント配線板が作成されることになります。

3.4 多層プリント配線板の電気特性

プリント配線板は電気部品の1つで、電子機器が高速、高機能なものとなるにしたがい、プリント配線板にも高性能が要求されています。特に、多層プリント配線板の電気特性にはより高度の性能が要求されるようになってきました。

プリント配線板に求められている特性として、次のようなものがあります。
直流的な特性
   ① 導体抵抗
   ② 絶縁抵抗
交流的な特性

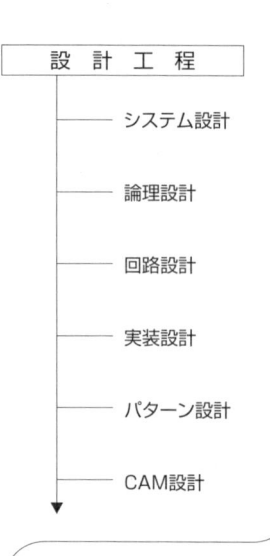

```
設 計 工 程
├── システム設計
├── 論理設計
├── 回路設計
├── 実装設計
├── パターン設計
└── CAM設計
```

表3.2 導体の断面積と抵抗値

対象			半導体		プリント配線板	
断面積(μm²)			0.065	0.65	50.00	100.00
導体抵抗(Ω)	パターン長さ(μm)	50,000			17.4000	8.7000
		10,000	2676.923	267.692	3.4800	1.7400
		1,000	267.692	26.769	0.3480	0.1740
		100	26.769	2.677	0.0348	0.0174
		10	2.677	0.268	0.0035	0.0017
断面積(μm²)			0.065		0.65		50.00		100.00	

パターン幅と厚さ (μm)	幅	厚さ	幅	厚さ	幅	厚さ	幅	厚さ
	0.05	1.30	0.05	13.00	0.70	71.43	0.70	142.86
	0.07	0.93	0.07	9.29	1.00	50.00	1.00	100.00
	0.10	0.65	0.10	6.50	3.00	16.67	3.00	33.33
	0.13	0.50	0.13	5.00	5.00	10.00	5.00	20.00
	0.18	0.36	0.18	3.61	7.00	7.14	7.00	14.29
	0.20	0.33	0.20	3.25	10.00	5.00	10.00	10.00
	0.25	0.26	0.25	2.60	15.00	3.33	15.00	6.67
					20.00	2.50	20.00	5.00
					25.00	2.00	25.00	4.00
					30.00	1.67	30.00	3.33
					50.00	1.00	50.00	2.00
					75.00	0.67	75.00	1.33
					100.00	0.50	100.00	1.00

Cuの比抵抗　0.0174　μΩ・m

③ 特性インピーダンス
④ 信号伝搬速度
⑤ クロストーク
⑥ 高周波特性
⑦ 電磁シールド性

　これらの特性はプリント配線板の構成材料、配線ルール、プリント配線板の構造、製造工程に密接に関係するので大変重要です。電気特性は設計者より指定されるもので、それにしたがい材料の選択や製造プロセスを決定して製造することになります。

3.4.1 導体抵抗

　プリント配線板は電子部品間を接続する導体配線パターンを絶縁基板の内外に持つものです。この導体の電気抵抗は出来るだけ小さいことが必要です。配線が高密度になると配線はファイン化するので、電気抵抗は増大する方向なので注意して配線設計を行うことになります。

　プリント配線板の導体材料は銅箔、銅めっきです。銅の比抵抗は銀に次いで低く、配線抵抗を低くするためには配線の形状によることになります。

　導体抵抗は次式で表わせます。

$$R = \rho \frac{\ell}{A} \quad (\Omega)$$

　ここで R：導体抵抗（Ω）、A：導体の断面積（cm²）、ℓ：導体の長さ（cm）、ρ：導体の比抵抗（Ωcm）です。**表3.2**は、導体の断面積と長さによる抵抗値を試算したものです（銅の比抵抗を0.0174μΩmとした）。表より、50μm²の断面積でパターン幅10μm、導体厚さ5μmとすると、導体長さ50mmで17.4Ωとなり、この価は小型のプリント配線板では使用できますが、基板が大きくなり、信号の長さが150mmとなると52.2Ωとなります。これは信号伝搬に影響をあたえる価となることになります。そこで、断面積を大きくすることが必要となり、パターン幅が大きく出来ないときは導体厚さが大きくなります。微細化するために導体厚さを厚くすることは、プリント配線板の製造技術に大きな影響を与えることになります。半導体の内でも微細化しており、抵抗を低くするために大変な努力をしています。

　スルーホールの穴の抵抗はパターンの抵抗に比べて小さいので通常は問題とはなりません。しかし、ビルドアッププリント配線板のビアのように微小径とすると、

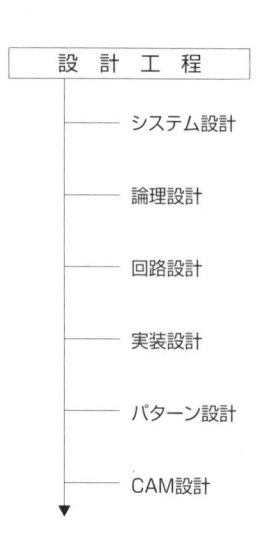

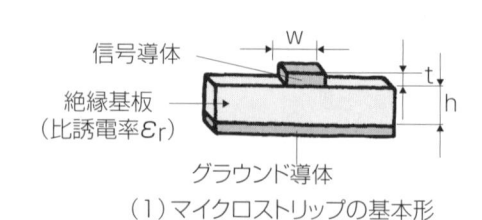

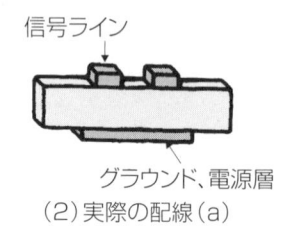

設計工程
- システム設計
- 論理設計
- 回路設計
- 実装設計
- パターン設計
- CAM設計

(1) マイクロストリップの基本形
- 信号導体
- 絶縁基板（比誘電率 ε_r）
- グラウンド導体

(2) 実際の配線 (a)
- 信号ライン
- グラウンド、電源層

(3) 実際の配線 (b)
- 信号ライン
- ソルダーレジスト
- グラウンド、電源層

Ⅰ　マイクロストリップ

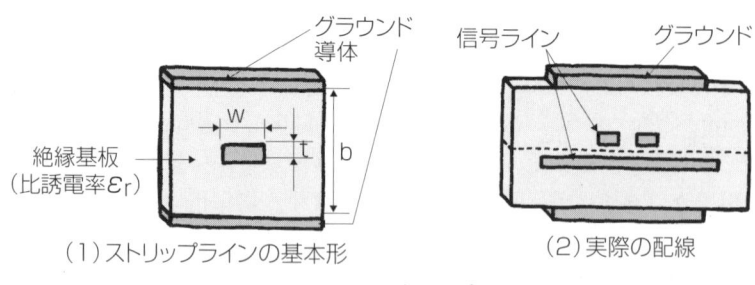

(1) ストリップラインの基本形
- グラウンド導体
- 絶縁基板（比誘電率 ε_r）

(2) 実際の配線
- 信号ライン
- グラウンド

Ⅱ　ストリップライン

図3.4　プリント配線板における伝送回路の構成

抵抗値を無視することが難しくなります。

3.4.2 絶縁抵抗

　導体間の絶縁が低いとプリント配線板は機能しなくなるので、絶縁は重要な特性です。絶縁性は材料の絶縁性と製造工程での洗浄不足、外部よりの汚染などの影響を受け、低下します。

　一般に、加湿環境において、$5 \times 10^8 \Omega$ 以上の価となるようにしています。この価は絶縁材料自体の値より低い価ですが、プリント配線板を作る間に材料内部への水分の浸透、めっきを始め各種の処理液に含まれるイオン性物質の残留による汚染などで低下してくるので、この価は実用上の最低値と考えられます。

　導体間隙はファイン化とともに狭くなってきています。使用電圧では間隙25μmとかなり狭いものでも50Vのように比較的高い電圧を使うような規定もあります。十分な耐電圧を持つ、絶縁性の高い絶縁材料は年々開発が進められています。配線が高密度となるとビアの数が増大し、メッシュ状の電源、グラウンドの導体層とビアとの間隙が狭くなり、この間の絶縁を高く保つことが重要です。小型軽量化が進むと、支持基板であるプリント配線板が20μm程度と薄くなるものもあり、面方向の絶縁ばかりでなく、層間絶縁も重要です。ビルドアップ層の絶縁では、絶縁樹脂自体の絶縁性と樹脂層のマイクロクラック、混入するフィラーによる絶縁の低下などに注意することが大切なことになります。

3.4.3 特性インピーダンス

　前節までは、直流の特性なので理解しやすいと思います。しかし、プリント配線板を用いて作られる電子機器は信号として、断続するパルス信号が使われる交流的な配慮が必要です。電子機器の性能は年々向上しており、信号の処理は高速化しています。それに使用されるLSIも急速に性能が向上してきました。LSIチップ内のクロック周波数はすでに1〜3GHzの価のものが実用化されていますが、今後数年後には3.6〜10GHz以上のものが実現すると予想されています。チップから基板に出される信号でも650MHz以上となっており、近く1.8〜4GHzのような高速の信号処理が必要となるものと予想されています。このように信号が高速になると、材料、パターン設計、層構成など種々の面で従来と異なるものとなってきます。その1つに、特性インピーダンスの整合があります。

　電子部品、デバイスの入力または出力インピーダンスがプリント配線板上の回路

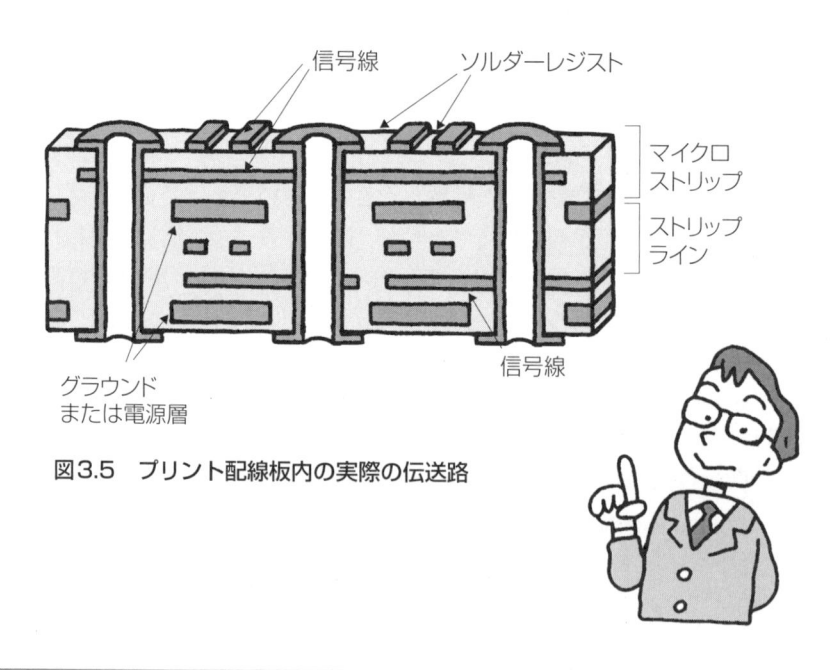

設　計　工　程
— システム設計
— 論理設計
— 回路設計
— 実装設計
— パターン設計
— CAM設計

信号線　　ソルダーレジスト

マイクロストリップ

ストリップライン

グラウンドまたは電源層

信号線

図3.5　プリント配線板内の実際の伝送路

パターンのインピーダンスとが整合していないと接合部で信号が反射して、伝送信号の質を低下させることになります。高速信号、高周波領域を扱う電子機器では特に顕著になるので、回路パターンは電子デバイスの特性に応じ、特性インピーダンスの整合を相当に厳しく行うことになります。このことは導体パターン自体の特性インピーダンスが変動すると、信号の伝搬が不安定になることを意味します。

特性インピーダンスを整合させるプリント配線板の構成は、**図3.4**のようになります。必然的に多層プリント配線板となりますが、I.マイクロストリップとII.ストリップラインがあります。

マイクロストリップは、図I.の(1)が基本的な構成です。表面の信号ラインと誘電体(ε_r)を挟みグラウンド導体が相対する構成をしています。ここで、信号パターンは幅、厚さ、グラウンドからの距離が重要です。信号は高周波なので、ラインはコイルと同じようにインダクタンス(L)を持ち、信号ラインとグラウンドとの間にコンデンサとしてキャパシタンス(C)を持ちます。実際のプリント配線板上では(1)の構成が(2)のように有限の広さのグラウンド面に対し信号が1～3本が相対するもの、(3)はさらに信号ラインが表面にあり、ソルダーレジストをコーティングした状態を示したものです。図II.で、ストリップラインは(1)が基本的なもので信号ラインがグラウンド導体で挟まれた構造となっています。(2)が実際の構成で、信号がクロスして2層に入っている場合が多いものです。

特性インピーダンス(Z_0)は、次式で表わされます。

$$Z_0 = \sqrt{\frac{(R+j\omega L)}{(G+j\omega C)}} \quad (\Omega/m) \quad (1)$$

ここで、Rは導体抵抗（Ω/m）、Lはインダクタンス(H/m)、Gは絶縁層のコンダクタンス（Ω/m）、Cは導体間のキャパシタンス(F/m)である。fを周波数とすると$\omega = 2\mu f$です。周波数が大きくなると、

$$Z_0 = \sqrt{\frac{L}{C}} \quad (\Omega/m) \quad (2)$$

と簡略にできます。実際には次なような実験式を用い、測定、計算をします。

マイクロストリップには

$$Z_0 = \frac{89}{\sqrt{\varepsilon r + 1.41}} \ln\left(\frac{5.98h}{0.8\omega + t}\right) \quad (3)$$

設計工程

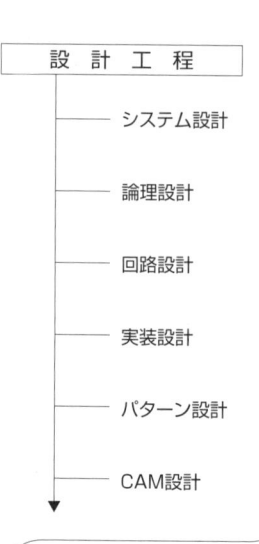

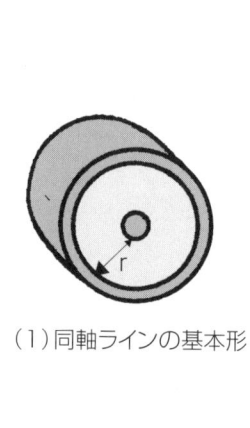

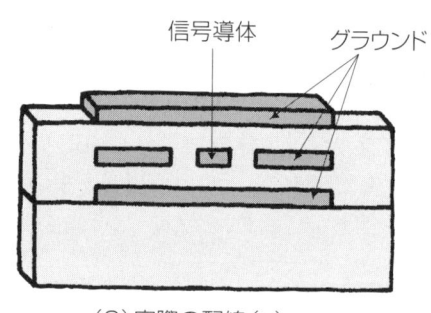

- システム設計
- 論理設計
- 回路設計
- 実装設計
- パターン設計
- CAM設計

(1) 同軸ラインの基本形

(2) 実際の配線(a)
(共平面型同軸)

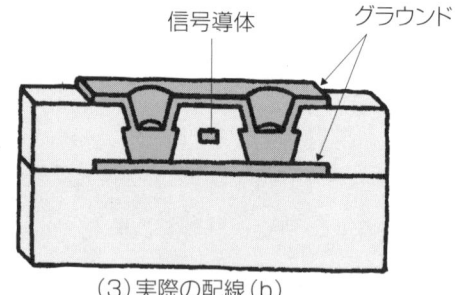

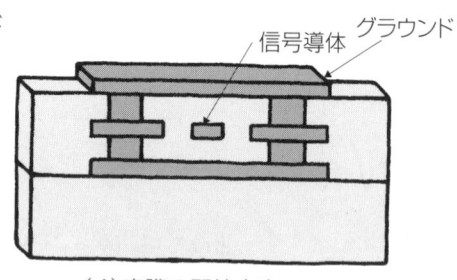

信号導体 / グラウンド

(3) 実際の配線(b)
(角型同軸ビア方式)

信号導体 / グラウンド

(4) 実際の配線(C)
(角型同軸・柱状めっき方式)

信号導体 / グラウンド

図3.6 プリント配線板における同軸伝送回路構成

ストリップラインには

$$Z_0 = \frac{60}{\sqrt{\varepsilon r}} \ln\left(\frac{4h}{0.67\pi(0.8\omega+t)}\right) \quad (4)$$

があります。このようは式は他にもたくさんあります。また、これらを計算するために計算図表や計算ソフト数多くあり、精密に計算されるようになってきました。さらに、実際には試作により補正を行ってインピーダンスを整合させています。

この厳しい精度の特性インピーダンスの価を実現するためには導体パターンのラインの幅と厚さ、絶縁層間の厚さの精度をより高いものとすることが必要で、製造ラインにおいてより一層の製造技術上の向上が必要となります。

また、雑音のもとになる反射係数Γは次式で表わされます。

$$\Gamma = \frac{(Z_r - Z_0)}{(Z_r + Z_0)} \quad (5)$$

ここで、Z_rは実際の部品の入力インピーダンスです。$Z_r = Z_0$であれば$\Gamma=0$となり、反射が無くなります。

図3.5は多層プリント配線板の内部で実際に配線されている状況を例示したものです。

このようにプリント配線板内ではストリップライン、マイクロストリップで構成されますが、もう1つの伝送路として同軸回路があります。伝送特性は非常に良いのです。図3.6のようにフィルドビアを持つビルドアップ技術や柱状めっきによるビルドアップ法を用いると、信号ラインをグラウンドの導体で囲んだ同軸線を形成することができます。

3.4.4 伝搬速度と絶縁材料

絶縁材料に関する電気特性として誘電率と誘電損失があります。これは、誘電率は導体間のキャパシタンスに関係しますが、誘電損失は誘電体における抵抗分を表し、誘電率と抵抗分の比で、

$$\tan\delta = \frac{R}{\frac{1}{\omega C}} = \omega CR \quad (6)$$

と表されます。ここでδを損失角といいます。この価が大きいと信号のエネルギーは熱として失われます。高周波においてはその効果が特性に顕著に表われます。そ

```
設 計 工 程
├── システム設計
├── 論理設計
├── 回路設計
├── 実装設計
├── パターン設計
└── CAM設計
```

表3.3　表皮効果の厚さ

周波数 f	厚さ δ (μm)
1kHz	2,140.0
10kHz	680.0
100kHz	210.0
1MHz	60.0
10MHz	20.0
100MHz	6.6
500MHz	3.0
1GHz	2.1
5GHz	0.9
10GHz	0.7

注：伝導度が1/e(36.79%)に
低下するまでの厚さ

のときの誘電体の損失は次の式で表されます。

$$D = k \cdot f \cdot \sqrt{\varepsilon r} \cdot \tan\delta \qquad (7)$$

また、信号の伝搬速度vは

$$v = C \frac{k}{\sqrt{\varepsilon r}} \ (\text{ns/m}) \qquad (8)$$

となります。Cは光速度です。速度は比誘電率により決まるので、高速の回路には比誘電率の小さいもので、かつ、誘電体損失の小さいものが求められています。

3.4.5 表皮効果

　パルスの電流が高周波領域となると、電流は導体パターンの表面しか流れなくなります。これを表皮効果（Skin effect）といっています。周波数が高いほど電流の流れる導体の厚さは小さくなります。したがって、抵抗値は導体断面積でなく導体の外周の長さに関係することになります。

　表皮効果により電流は導体の内部ほど電流が流れ難くなります。伝導度が1/eに

なるまでの距離を skin depth といい、次の式で表わされます。

$$\delta = \sqrt{\frac{2}{\sigma \omega \mu}} \qquad (9)$$

このときの表皮抵抗は

$$R_s = \sqrt{\frac{\omega \mu}{2\sigma}} \qquad (10)$$

となります。ここで、σ は導電率、μ は透磁率を表します。
周波数と表皮効果による導体の厚さの関係は**表3.3**に示すものです。

　この表のように、信号電流は表面を流れるので、導体パターンの表面状態が信号の伝搬に大きく影響します。現在、樹脂と導体パターンの密着性を向上させるために樹脂表面や導体表面を粗面化しアンカー効果でピール強度を大きくしています。これが、高周波になると、この凹凸が信号伝搬に問題となり、平滑面への接着ということが重要なこととなっています。ロープロファイルの銅箔が使われるようになりましたが、しかし、平滑面の接着は現在のところ実用化していません。研究が強力に進められているので、近い将来実用化するものと思われます。

3.4.6 クロストーク

　プリント配線板上では信号線が複雑に走っています。平行する信号ラインでは相互に電磁的に結合しやすく、一方の導体ラインに電圧を加えると、隣り合う近くの導体ラインに電圧が誘起し、雑音となります。これをクロストーク（Cross talk）といいます。この現象が高密度配線になり、ラインの間隙が小さくなると、特に著しくなってきます。このクロストークを防止する方法として導体間隙を大きく、グラウンドとの間隙を小さくすることですが、高密度化の方向では導体間隙を大きくすることは困難で、また、グラウンド間隙の減少も特性インピーダンス整合で自由には行えません。防止法としては平行するラインの長さを出来るだけ短くするように設計し、層間では互いに信号線が相互に直角となるように配置するなどを行っています。場合によっては、90度ばかりでなく30度、45度、60度の種々な方向に配線することも行われています。

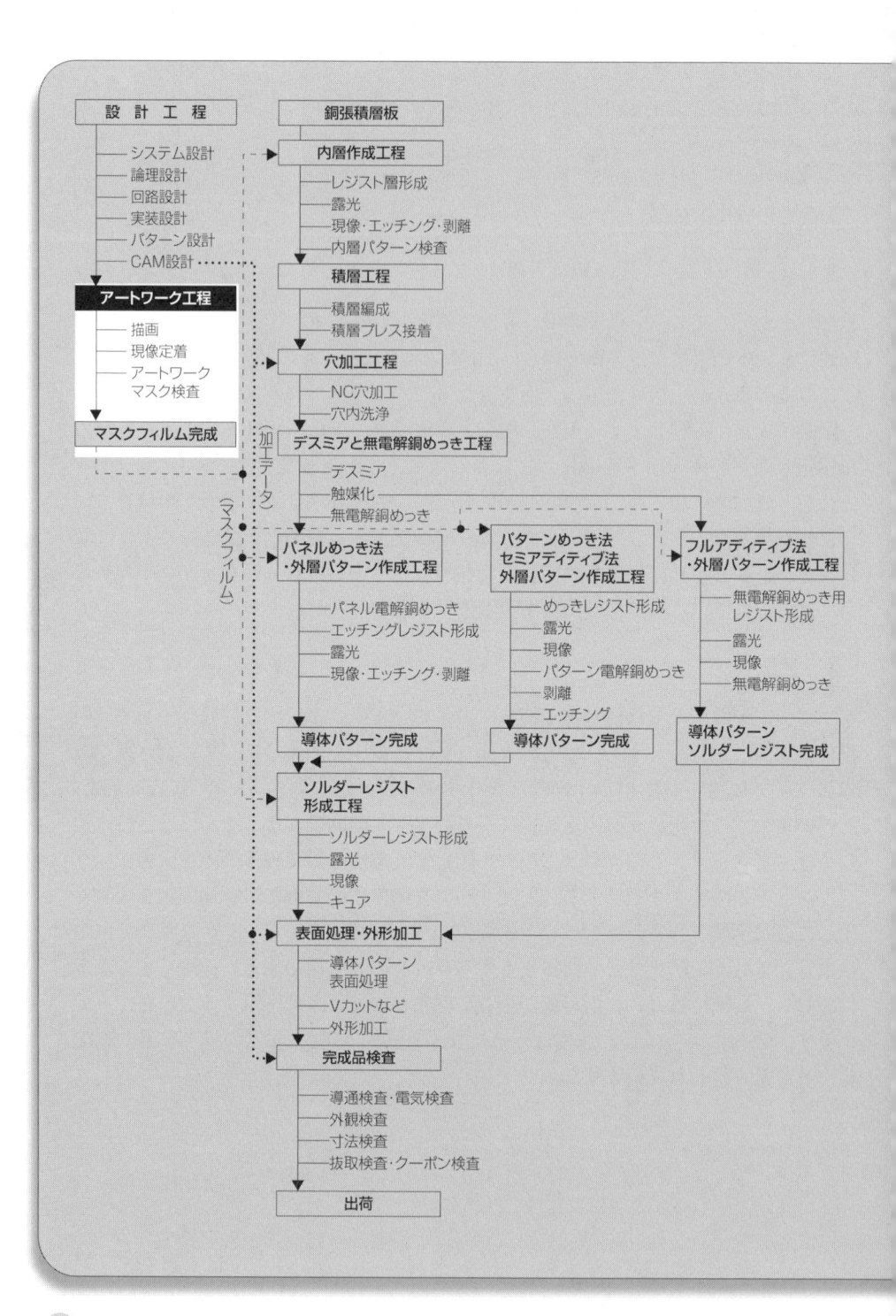

```
設計工程
├─ システム設計
├─ 論理設計
├─ 回路設計
├─ 実装設計
├─ パターン設計
└─ CAM設計 ┄┄┄┄┐
                │
アートワーク工程 │
├─ 描画         │
├─ 現像定着     │
└─ アートワーク │
   マスク検査   │
     ↓          │
マスクフィルム完成
```

銅張積層板
↓
内層作成工程
├─ レジスト層形成
├─ 露光
├─ 現像・エッチング・剥離
└─ 内層パターン検査
↓
積層工程
├─ 積層編成
└─ 積層プレス接着
↓
穴加工工程
├─ NC穴加工
└─ 穴内洗浄
↓
〈加工データ〉
デスミアと無電解銅めっき工程
├─ デスミア
├─ 触媒化
└─ 無電解銅めっき

〈マスクフィルム〉

パネルめっき法
・外層パターン作成工程
├─ パネル電解銅めっき
├─ エッチングレジスト形成
├─ 露光
└─ 現像・エッチング・剥離
↓
導体パターン完成

パターンめっき法
セミアディティブ法
外層パターン作成工程
├─ めっきレジスト形成
├─ 露光
├─ 現像
├─ パターン電解銅めっき
├─ 剥離
└─ エッチング
↓
導体パターン完成

フルアディティブ法
・外層パターン作成工程
├─ 無電解銅めっき用
│   レジスト形成
├─ 露光
├─ 現像
└─ 無電解銅めっき
↓
導体パターン
ソルダーレジスト完成

↓
ソルダーレジスト形成工程
├─ ソルダーレジスト形成
├─ 露光
├─ 現像
└─ キュア
↓
表面処理・外形加工
├─ 導体パターン表面処理
├─ Vカットなど
└─ 外形加工
↓
完成品検査
├─ 導通検査・電気検査
├─ 外観検査
├─ 寸法検査
└─ 抜取検査・クーポン検査
↓
出荷

第4章 アートワーク工程

　プリント配線板の内層、外層の導体パターンの作成は、プリント配線板の製造パネルに感光性レジストの膜を形成させ、紫外線をマスクフィルムを通して露光します。また、ソルダーレジストパターンの形成は感光性レジストを用いる場合、パターンと同じくマスクフィルムを通して紫外線で露光します。スクリーン印刷を行う場合、スクリーンに感光材を塗布して、マスクフィルムを通し感光して、スクリーンにソルダーレジストを通す網目を作ることになります。

　いずれも、元のパターンはマスクフィルムとして作成します。このマスクフィルムを作る工程がアートワーク工程です。ここで、フィルムといいましたが、フィルムの他に感光性膜を持つガラス乾板を用いることもありますが、同じ工程なのでフィルムを中心に説明します。一般には、銀塩を用いた感光性フィルムを用い、これにCAD/CAMシステムで作成したデータにより紫外線レーザを制御し、パターンの露光を行います。フィルムは寸法の変化を嫌うので、作業するところは恒温恒室の部屋で行います。部屋の温度・湿度の条件は25℃、55％前後で行っています。特に精度を必要とする場合にはガラス乾板を用いますが、重量が大きくなるので取扱に注意が必要となります。

4.1 アートワーク工程

　アートワークの工程を図4.1に示します。マスクフィルムの作成には光点作図機、レーザ描画機などがありますが、最近はレーザ作図方式が一般的になってきました。レーザ作図システムが使われなかったときには、マスクの作成に時間がかかり、完成したマスクフィルムはマスターとして保存され、これよりコピーして作業用フィルムを作成、現場に供給していました。しかし、レーザを用いる方法が発達してく

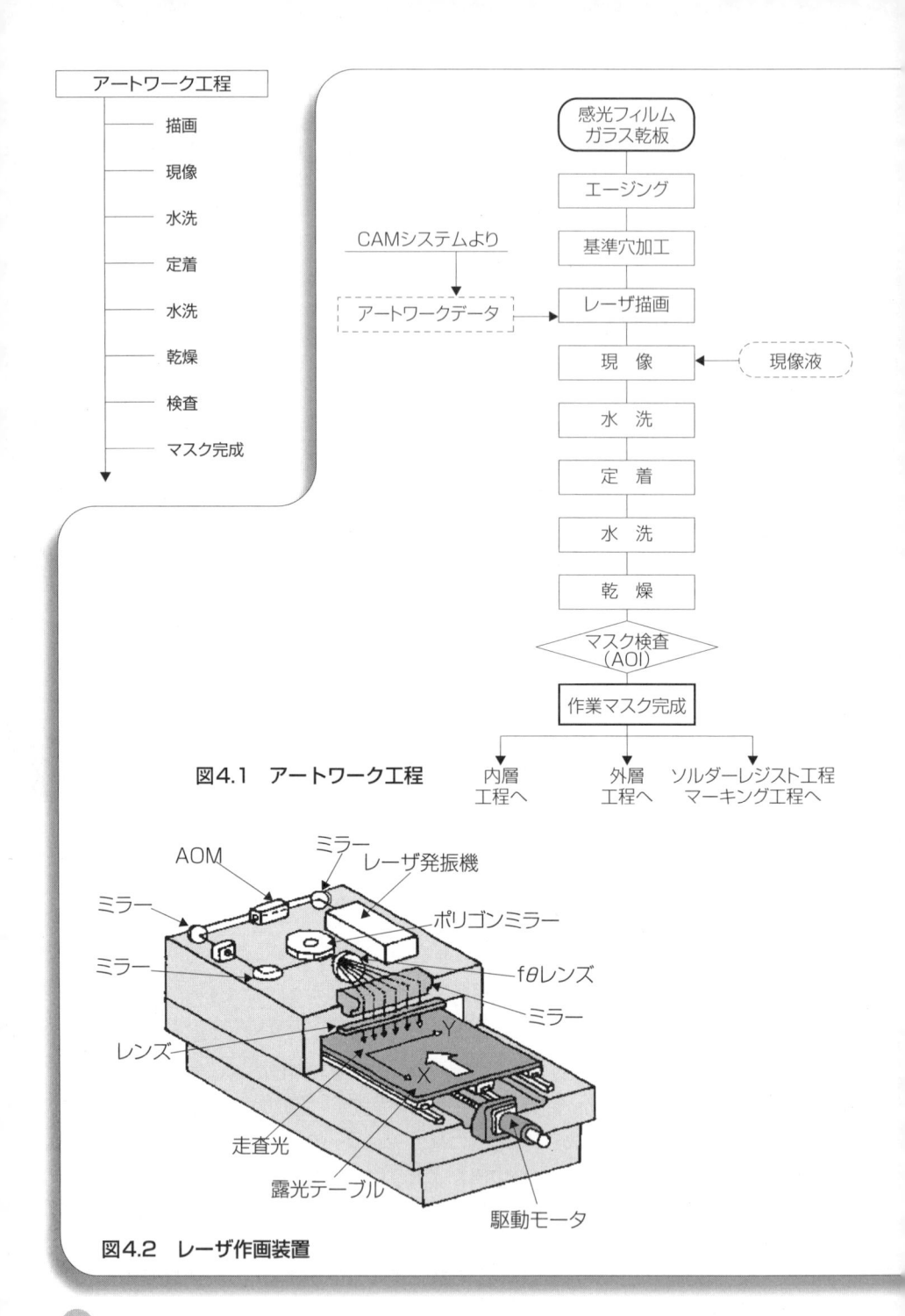

アートワーク工程

- 描画
- 現像
- 水洗
- 定着
- 水洗
- 乾燥
- 検査
- マスク完成

```
感光フィルム
ガラス乾板
   ↓
 エージング
   ↓
 基準穴加工
   ↓
 レーザ描画 ← アートワークデータ ← CAMシステムより
   ↓
  現 像 ← 現像液
   ↓
  水 洗
   ↓
  定 着
   ↓
  水 洗
   ↓
  乾 燥
   ↓
 マスク検査
  (AOI)
   ↓
 作業マスク完成
   ↓
内層工程へ / 外層工程へ / ソルダーレジスト工程 マーキング工程へ
```

図4.1　アートワーク工程

図4.2　レーザ作画装置

（AOM、ミラー、レーザ発振機、ポリゴンミラー、fθレンズ、ミラー、レンズ、走査光、露光テーブル、駆動モータ、X、Y）

ると、作画は短時間で出来るようになり、アートワークデータを入力して描いたものをそのまま作業用フィルムとして使用するようになりました。

　アートワークデータには、パターン設計の段階で、製品となるパターンデータばかりでなく、作業に必要な基準マークのパターン、検査に使用するクーポンパターン、内層用の場合に用いる製造パネルの周辺に置く樹脂流れ防止用パターンなどを含んだものとなっています。マスクフィルムに用いるリゾフィルムは紫外線で感光するので、包装を解くときより露光・現像・定着・乾燥の処理をし、マスクとして完成させるまで作業をする部屋内は暗室にします。

　また、フィルムを処理する環境が塵埃などで汚れていると、これが付着して欠陥となります。このために暗室や検査はすべて防塵室内で行います。ファインパターンのマスクを作る場合には防塵のクラスは2000～500と、より厳しいものとなっています。フィルムの取り扱いはロボットで無人運転をするようになり、効率化とともに防塵の上でも効果的なものとなっています。

　露光は、図4.2のようなレーザ作画装置を用います。レーザ発振器より投射されたレーザはAOMで光線のオンオフを行い、多角形の筒の周辺にミラーを取り付け回転しているポリゴンミラーにあてることで、レーザは左右に走査されます。このレーザを光の強度を均一に走査させるfθレンズを通し、ミラーで下方に反射させ、露光テーブルに置かれたフィルムをY方向に露光します。露光テーブルはモータによりX方向に動かされ、フィルム上にパターンを作成することが出来ます。レーザの速度は速いので、テーブルの動きで作画時間は決まりますが、5～10分で作成できます。　露光されたフィルムはまだ潜像で、目に見えるものではありません。銀塩を還元する現像を行い、未感光部の銀塩を溶解して定着し、水洗乾燥を行います。この操作は自動化された自動現像機を用いて行います。完了したものは恒温恒湿の防塵室の明るい部屋に出力されてきます。完成したものは検査・修正を行います。検査は外観検査とパターン各部の寸法検査が行います。最近では微細なパターンとなっているので、光学的自動外観検査機を用いて欠陥の検査と寸法検査を同時に行うことが多くなってきました。

　外観検査では、パターンのショート、断線や欠け、ピンホール、間隙不良、黒点、などを見ています。寸法検査ではパターン幅、間隙の測定、基準マークとパターンとの位置精度の測定などを行います。

　完成したマスクは製造パネルの内層工程、外層工程、ソルダーレジスト工程に送られ、一旦はアートワークの作業室と同じ条件のマスク倉庫に保管します。プリン

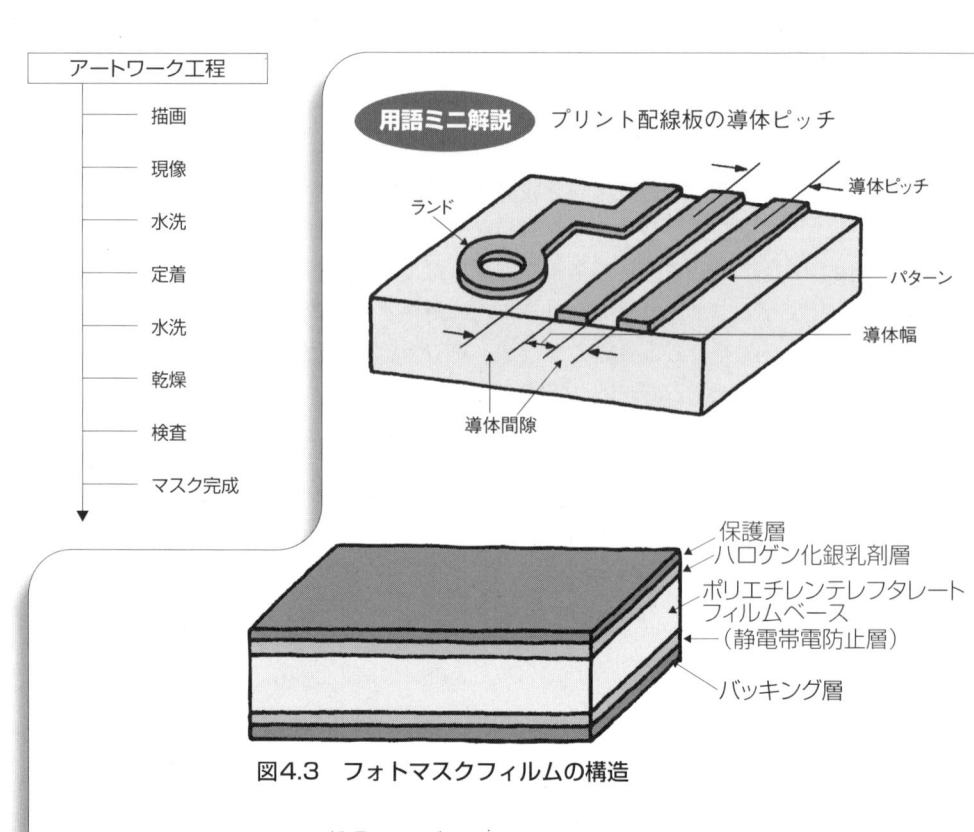

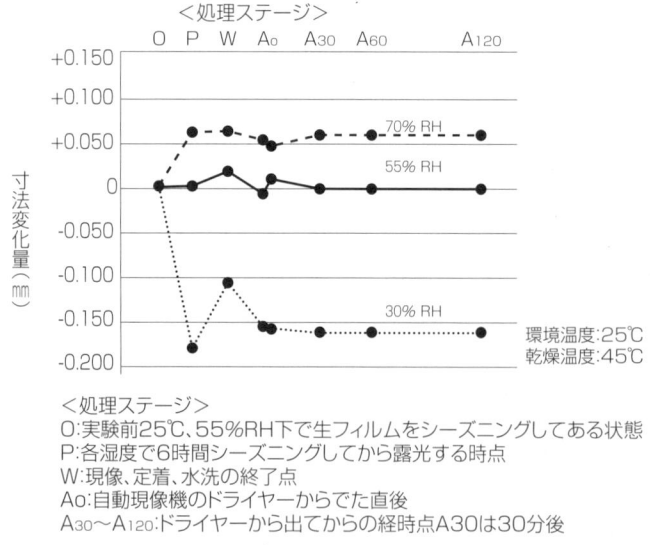

アートワーク工程
├─ 描画
├─ 現像
├─ 水洗
├─ 定着
├─ 水洗
├─ 乾燥
├─ 検査
└─ マスク完成

用語ミニ解説 プリント配線板の導体ピッチ

（ランド、導体ピッチ、パターン、導体幅、導体間隙）

（保護層／ハロゲン化銀乳剤層／ポリエチレンテレフタレートフィルムベース／(静電帯電防止層)／バッキング層）

図4.3 フォトマスクフィルムの構造

＜処理ステージ＞
O P W A_0 A_{30} A_{60} A_{120}

寸法変化量(mm)

70% RH
55% RH
30% RH

環境温度：25℃
乾燥温度：45℃

＜処理ステージ＞
O：実験前25℃、55%RH下で生フィルムをシーズニングしてある状態
P：各湿度で6時間シーズニングしてから露光する時点
W：現像、定着、水洗の終了点
A_0：自動現像機のドライヤーからでた直後
A_{30}～A_{120}：ドライヤーから出てからの経時点 A_{30}は30分後

図4.4 処理ステージによる寸法の変化

ト配線板製造の作業案室もアートワークと同条件で、マスクは作業室の外部には出さないようにすることが大切です。

4.2 マスクフィルム材料

　フォトマスクに用いられる感光性フィルムのベースはポリエステル(PET)フィルムで、乾板はガラスをベースとしています。取り扱いの点で、PETフィルムが数多く使われています。

　PETフィルムベースのフォトフィルムは図4.3のように一方の面に感光剤乳剤層、反対面にバッキング層をコーティングした構造を持っています。マスクの寸法安定性は非常に重要で、このためベースフィルムの寸法安定性を向上させるように材料を作成しています。

　実際に作業するときに、寸法安定性に影響する因子として、温度、相対湿度があります、吸湿での伸縮が大きなものですが、そのほかに、現像時のゼラチン層の物性の変化による伸縮、保管中のベースの変化によることもあります。有機樹脂であるPETフィルムは無機質のガラスより変化が大きいので、取り扱いには注意を要します。感光フィルムは湿度の変化により寸法が変化し、ベースが薄くなるほど大きい変化を示します。

　また、露光後の現像、定着は水溶液によって行うので、フィルムの吸湿は避けられません。この様子を図4.4に示します。処理の途中では変化しますが、乾燥後ある程度の時間、放置するエージングをすると元の寸法に戻ってきます。しかし、作業室の相対湿度が変化すると、始めの寸法より偏ったものとなるので、この点十分な注意が必要となります。

　生のフィルムは、メーカー倉庫、輸送、受入側の倉庫と経由して温度、湿度の大きな変化を受けます。

　最近は十分に注意がされていますが、購入後露光室の温湿度条件で長時間放置し、部屋の温湿度と平衡にするシーズニングが行われています。

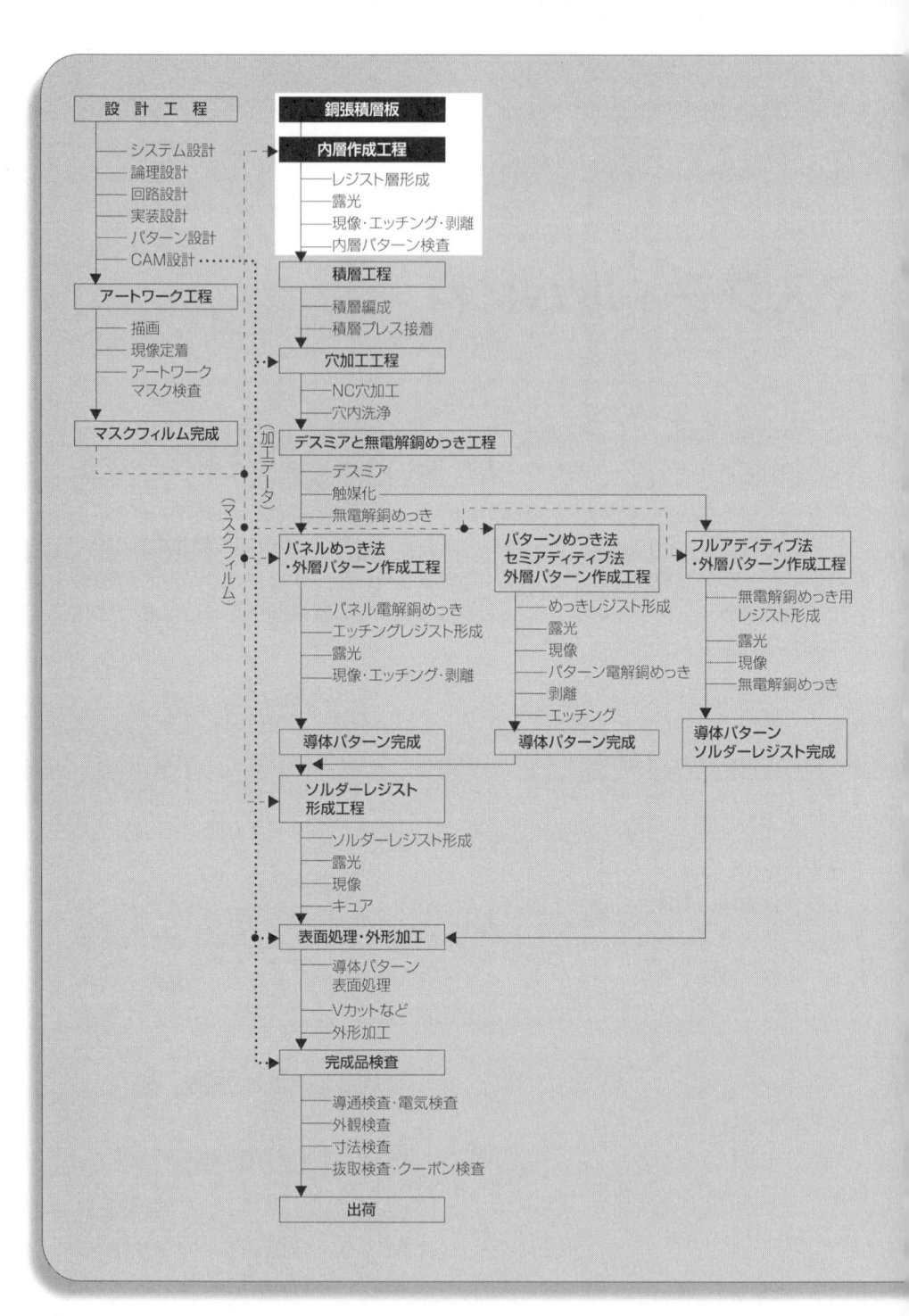

```
[設計工程]
├── システム設計
├── 論理設計
├── 回路設計
├── 実装設計
├── パターン設計
└── CAM設計 ┄┄┄┐
    ↓         ┆
[アートワーク工程] ┆
├── 描画       ┆
├── 現像定着    ┆
└── アートワーク ┆
    マスク検査   ┆
    ↓         ┆
[マスクフィルム完成]┆
              ┆(加工データ)
              ┆(マスクフィルム)
```

[銅張積層板]
↓
[内層作成工程]
├── レジスト層形成
├── 露光
├── 現像・エッチング・剥離
└── 内層パターン検査
↓
[積層工程]
├── 積層編成
└── 積層プレス接着
↓
[穴加工工程]
├── NC穴加工
└── 穴内洗浄
↓
[デスミアと無電解銅めっき工程]
├── デスミア
├── 触媒化
└── 無電解銅めっき
↓

[パネルめっき法・外層パターン作成工程]
├── パネル電解銅めっき
├── エッチングレジスト形成
├── 露光
└── 現像・エッチング・剥離
↓
[導体パターン完成]

[パターンめっき法 セミアディティブ法 外層パターン作成工程]
├── めっきレジスト形成
├── 露光
├── 現像
├── パターン電解銅めっき
├── 剥離
└── エッチング
↓
[導体パターン完成]

[フルアディティブ法・外層パターン作成工程]
├── 無電解銅めっき用レジスト形成
├── 露光
├── 現像
└── 無電解銅めっき
↓
[導体パターン ソルダーレジスト完成]

↓
[ソルダーレジスト形成工程]
├── ソルダーレジスト形成
├── 露光
├── 現像
└── キュア
↓
[表面処理・外形加工]
├── 導体パターン表面処理
├── Vカットなど
└── 外形加工
↓
[完成品検査]
├── 導通検査・電気検査
├── 外観検査
├── 寸法検査
└── 抜取検査・クーポン検査
↓
[出荷]

第5章 内層作成工程

5.1 内層作成工程

　めっきスルーホール法による多層プリント配線板では、内層は通常厚さの小さいエポキシ樹脂銅張積層板を用います。銅張積層板はエポキシ樹脂をガラス布に含浸したシートと銅箔を合わせて熱と圧力を加えて板としたもので、この銅張積層板の表面の銅箔に導体のパターンを形成する工程を内層作成工程といいます。これを内層として積層工程で多層プリント配線板の内部に組み込んでいくことになります。

　IVHをもつ多層プリント配線板はこれから説明します両面板や多層板をさらに内層とするもので、基本的には銅張積層板を用いて作成することになります。

　内層作成の工程は図5.1の通りです。この工程はフォトエッチング法といわれるもので、プリント配線板を作成するための基本的なプロセスです。したがって、内層に限らず、片面プリント配線板や外層においても形を変えて適用されています。この点についてはそれぞれの工程において説明します。

　銅張積層板は、銅箔が両面または片面に張ってある板で、設計で指定された絶縁層の厚さ、指定された銅箔の厚さのものを用います。完成した多層プリント配線板が薄くするようになっているので、内層コア材の銅張積層板の厚さは約0.03mm～1.2mm程度、銅箔は9～70μmと色々な厚さのものが選択されます。なお、銅張積層板は専業の積層板メーカーで作られ、プリント配線板の製造工程に合った大きさに切断して用います。

5.1.1　前処理

　規定の大きさに切断された製造パネルの表面の汚れを落とすことがレジストの密着性を向上させるために必要です。前処理は機械的な研磨と化学的な洗浄とがあり、

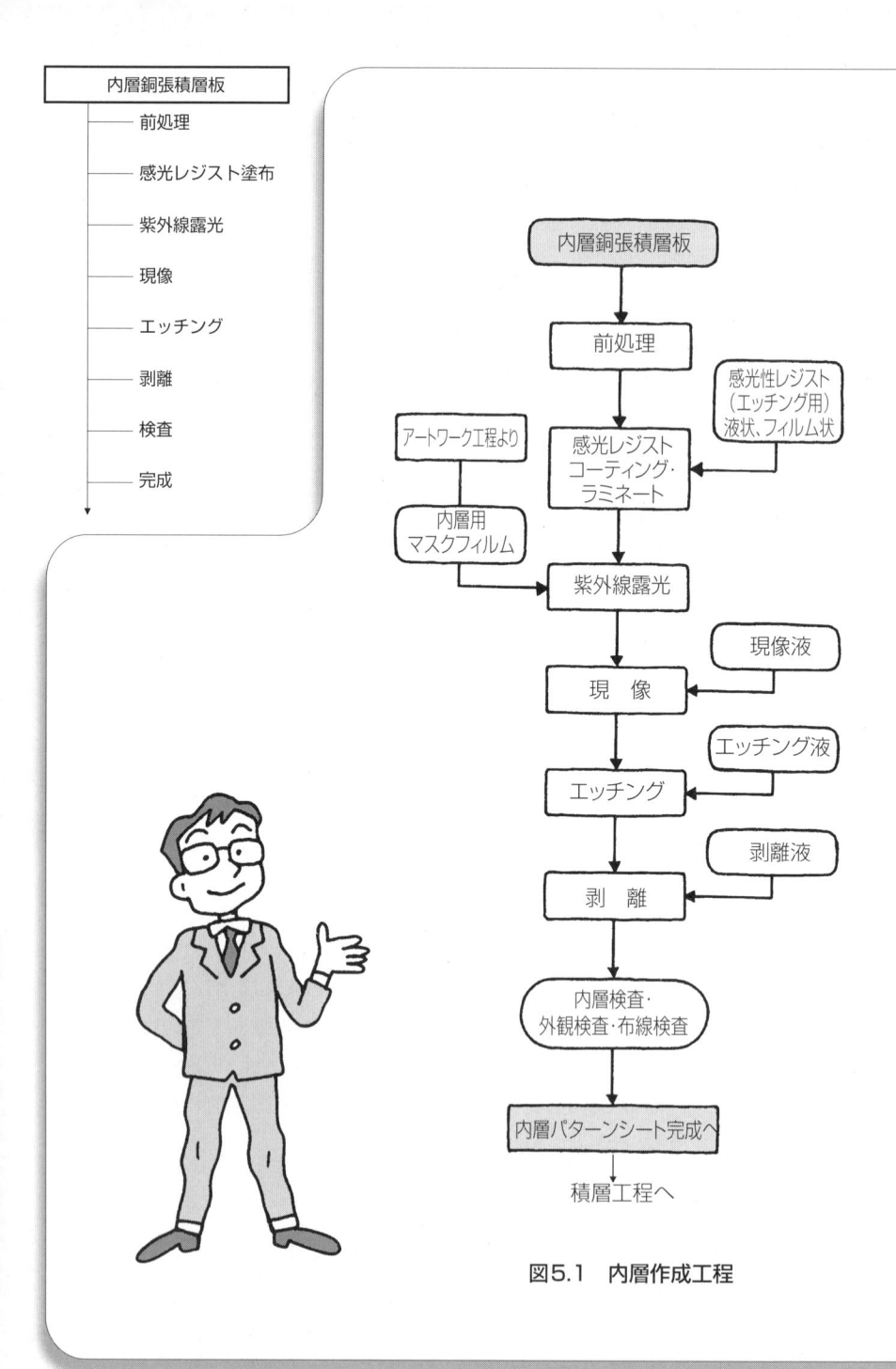

内層銅張積層板
├ 前処理
├ 感光レジスト塗布
├ 紫外線露光
├ 現像
├ エッチング
├ 剥離
├ 検査
└ 完成

```
          内層銅張積層板
                │
                ▼
              前処理
                │              感光性レジスト
                │             （エッチング用）
                ▼              液状、フィルム状
          感光レジスト
          コーティング・←──────
          ラミネート
                │
  アートワーク工程より
                │
          内層用
          マスクフィルム
                │
                ▼
          紫外線露光
                │
                ▼              現像液
            現　像 ←──────
                │
                ▼              エッチング液
          エッチング ←──────
                │
                ▼              剥離液
            剥　離 ←──────
                │
                ▼
          内層検査・
          外観検査・布線検査
                │
                ▼
      内層パターンシート完成へ
                │
                ▼
            積層工程へ
```

図5.1　内層作成工程

水平コンベア装置を用いて行います。銅箔表面の凹凸、大きなキズ、汚れなどは機械的研磨で、酸化膜、油性膜、指紋などのミクロのものは化学的洗浄で除去しています。微細な研磨材を水と噴出させるパーミス研磨は粗度は0.3μm以下と比較的小さく、良好な面が得られます。パターンのライン幅が120μm程度までは機械研磨だけで処理されることが多いのが現状です。積層板が薄くなると機械研磨では積層板に寸法の変化が生じ、位置精度など低下するので、機械研磨はしないようにしています。最近、このような歪みを抑えた振動を加えた研磨法が開発されています。

しかし、機械研磨ではミクロでは全てが清浄になるとは限りません。今後ファイン化が進むと、ミクロの汚れが重要になり、化学洗浄として硫酸‐過酸化水素水混液あるいは過硫酸塩水溶液などで汚れや酸化膜を除去し、硫酸による洗浄を行うようになってきています。機械研磨で寸法変化が抑えられない場合、化学洗浄のみとすることも多くなっています。前処理で清浄にした製造パネルは水洗、純水洗により処理液を十分に除去し、急速乾燥をしてウォータマークが残らないように完全に乾燥します。この製造パネルはコンベアでクリーンルームに送られ、感光層の形成を行います。製造パネルは洗浄工程に入ったところから、次第にクリーンになってきますので、プロセスの後半はパネルに触れる環境はクリーンルームと同じとしなければいけないということです。このコンベア装置は内層の薄物積層板が処理できるように作られています。

5.1.2 感光レジスト層の形成

(1) 感光レジストの種類と選定

製造パネルに感光性のレジストを塗布またはラミネートして感光層を形成し、露光により残すべき導体のレジストパターン作成し、現像、エッチングすることで不要な導体を除去することが出来ます。このパターンを作成する感光性レジストには次の3つのものがあり、光重合により硬化する光硬化型のネガレジストと、露光に溶解する光溶解型のものがあります。

①感光性ドライフィルム (Photosensitive Dry Film)

フィルム状のもので、乾式で用いるのでドライフィルムと呼ばれます。この感光性ドライフィルムは、ポリエステルフィルムとポリエチレンフィルムに挟まれたサンドイッチ構造をしています。ラミネータでポリエチレンフィルムを剥がしながら

```
内層銅張積層板
├─ 前処理
├─ 感光レジスト塗布
├─ 紫外線露光
├─ 現像
├─ エッチング
├─ 剥離
├─ 検査
└─ 完成
```

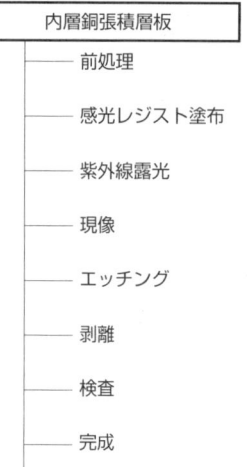

用語ミニ解説

内層 internal (inner) layer：多層プリント配線板の表と裏の外層にある導体パターン以外の板の内部にある信号層、電源層、グラウンド層の導体パターンの総称。

内層用銅箔 internal (inner)layer copper foil：多層プリント配線板の内層を形成するための銅箔。スルーホールめっきで層間接続を行う場合、外層はスルーホールめっきやはんだめっきで厚くなるが、内層は導体パターンを銅箔のエッチングで形成する場合、導体幅との兼ね合いで十分な電流容量を得られる厚さを選ぶ。35μm以上の厚さが多いが、18μm以下の厚さのものも使うことがある。ビルドアップ法の実用化で、内層銅の厚さについて薄いものが使われるケースも出てきている。

レジストラミネート・コーティング方法

（ドライフィルム／熱加圧ロール／コーティングヘッド／液状レジスト／製造パネル／電着膜／R-NH$^+$）

追従性比較

(a)ドライフィルム
　膜厚　30～75μm

(b)液状レジスト
　①スプレー法
　②ロールコート法
　③ディップ法
　④押しだしコート法
　膜厚　5～25μm

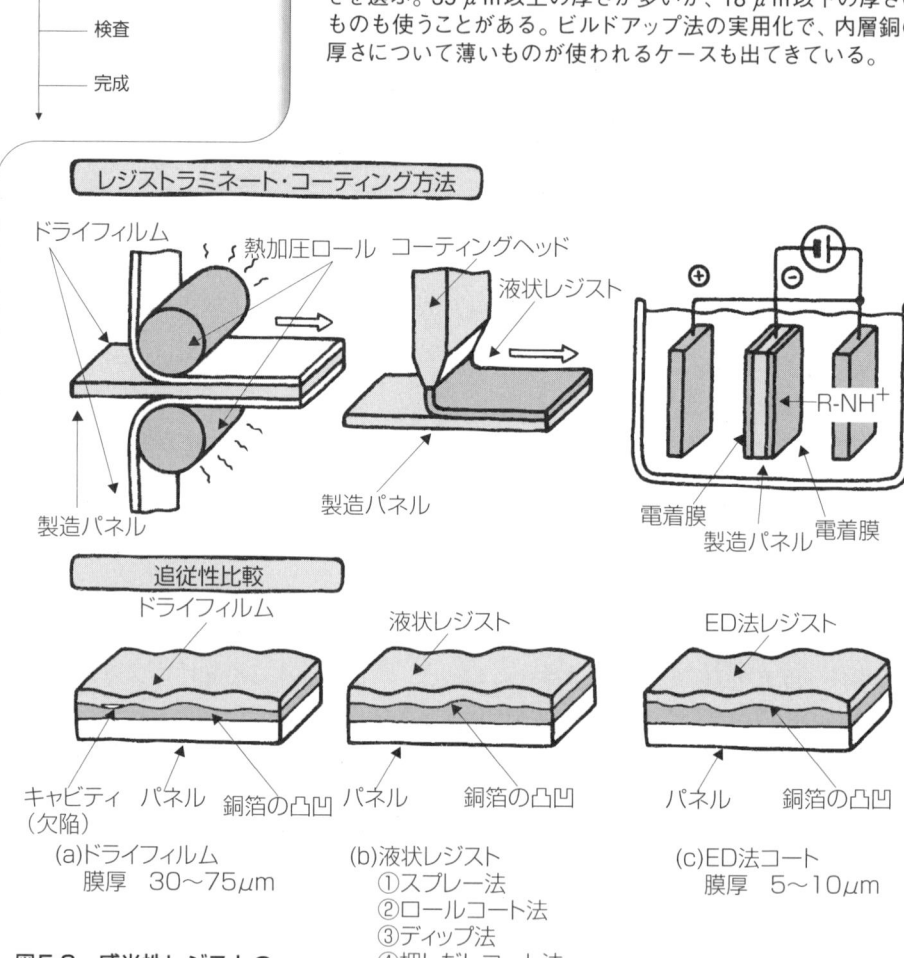

(c)ED法コート
　膜厚　5～10μm

図5.2　感光性レジストの適用方法

熱ロールで圧着します。ラミネート前に製造パネルの温度、ラミネート時の温度、速度、圧力など、ラミネートした後の放置時間などはレジストの特性に合わせた条件設定と日常管理が重要なことになります。ドライフィルムは現在のところネガ型のみです。

②液状レジスト (Liquid Photoresist)
　液状のレジストはレジストとして薄い膜厚とすることが出来るので解像度の良いパターンを作ることが出来ます。レジストの種類には光硬化型のネガレジストと光溶解型のポジレジストがありますが、一般には光硬化型のネガレジストが使われています。塗布方法はスプレーコート、ロールコート、カーテンコート、ディップコートがあります。このうちロールコート、ディップコートは両面に同時にコートすることが可能なものです。光硬化型のネガレジストは有機溶剤現像型とアルカリ水溶液現像型がありますが、アルカリ現像型が使われ、光溶解型のレジストはアルカリ現像型となります。

③EDレジスト　(Elctrophoretic Deposition)
　EDレジストとは、感光性レジストを微細な粒子にして水に懸濁させコロイドとしたものです。粒子が電荷を帯びているので、電極に電圧を与えると電気泳動により電荷に応じて電極にレジストが析出してきます。電極上でコロイドは相互に結合し膜状になり製造パネルをコートすることになります。これも感光性でポジ、ネガの両方のタイプがあります。製造パネルの両面に同時に析出し、電極表面の凹凸への追従性がよく、密着性も優れています。現像はアルカリ水溶性現像タイプが多く用いられています。

(2) 感光性レジスト層の形成
　前処理で整面した製造パネルは、図5.1の工程にしたがい感光性のレジスト膜を形成させます。レジストの選択は製品のレベルや製造工場の事情により行われています。ドライフィルムレジストのラミネート、液状レジストのコートの方法を図5.2に示しました。製造パネルの表面の凹凸への追従性は液状のほうがよいのですが、最近ではドライフィルムでも相当の改善が行われ、追従性はよくなってきています。図のようにキャビティの発生は銅箔の凹凸がよほど大きくないと起こることはなくなっています。

```
内層銅張積層板
  │
  ├─ 前処理
  │
  ├─ 感光レジスト塗布
  │
  ├─ 紫外線露光
  │
  ├─ 現像
  │
  ├─ エッチング
  │
  ├─ 剥離
  │
  ├─ 検査
  │
  └─ 完成
```

用語ミニ解説

エッチファクタ：etch factor
導体の厚さ方向のエッチングの深さと導体の幅方向のエッチング深さとの比。プリント配線板の絶縁体上に銅箔にレジストを用いてパターンをエッチングするとき、パターンレジストに近い部分は横方向へのエッチングが大きく、絶縁板に近い部分はエッチングが小さい。この2つの値の差を幅方向のエッチング深さをDとし、導体の厚さ方向のエッチングの深さをTとすると、エッチファクター＝T/Dで表わされる。また、幅方向のエッチングの大きさは絶縁体に対して角度を持つので、これをθとすると、T/D＝tanθとも表せる。したがって、エッチファクタが大きいということは、エッチングした導体の側面が絶縁体に対して垂直に近いということを表わし、パターンの精度が高いということを示している。

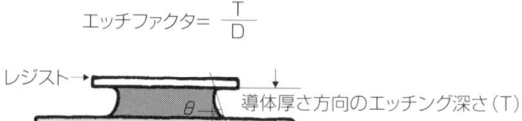

$$\text{エッチファクタ} = \frac{T}{D}$$

レジスト
導体厚さ方向のエッチング深さ（T）
幅方向のエッチング深さ（D）

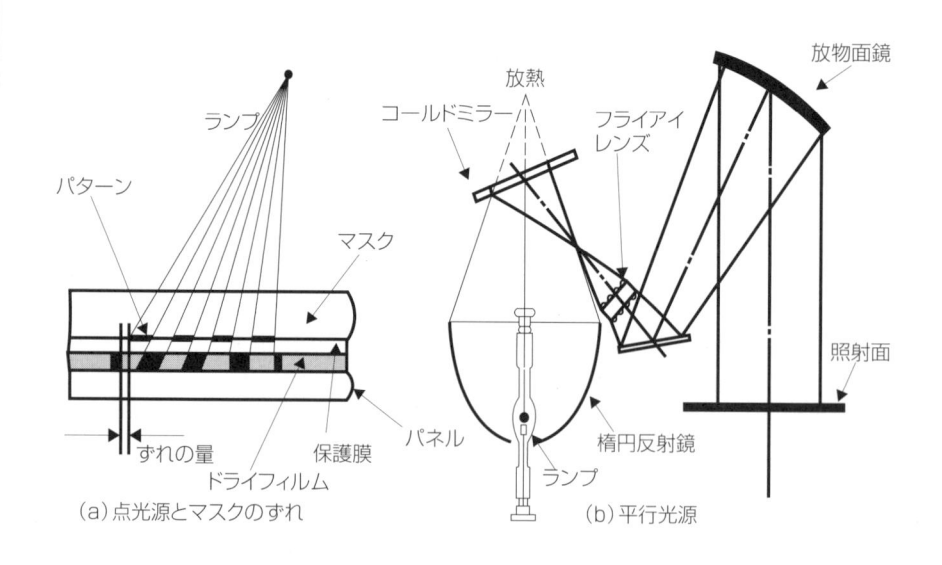

（a）点光源とマスクのずれ
ランプ／パターン／マスク／ずれの量／保護膜／ドライフィルム

（b）平行光源
放熱／コールドミラー／フライアイレンズ／放物面鏡／照射面／パネル／楕円反射鏡／ランプ

図5.3　露光光源

ドライフィルムは、上下の熱ロールで両面同時にラミネートします。サンドイッチ構造のカバーフィルムのうち、ラミネータで、ポリエチレンフィルムを剥がし、熱ロールで製造パネルに圧着します。均一なラミネートをすることが必要で、パネルの温度、ラミネート時の温度、パネル速度、ロール圧力などをレジストの特性に合わせて条件の設定を行います。ドライフィルムは取扱が容易なので大変に普及しています。

　液状ではコート法にロールコート、スプレーコート、ディップコート、押し出しコートなどがあります。ロールコート法とディップコート法では両面コートができますが、他の方法では片面ずつ反転して行うことになります。液状レジストではレジストの温度、濃度、粘度などの管理を十分に行うことが大切です。液状なので取扱が面倒な欠点があります。

　EDレジストのコートは、電解めっき装置と同じような装置でコーティングします。前処理より乾燥まで自動化された装置となっていますが、装置のコストのほか、電流密度、液濃度、温度など管理項目も多いものの、密着性、解像度に優れています。

　この感光性レジスト層を形成する部屋と、次の露光する部屋では、大気中に塵埃があるとパネルに付着し、パターンのショート、断線などを発生させる原因となるので、部屋をクリーンな環境に保持することが非常に重要になります。

5.1.3　露光

　感光レジスト層を形成した製造パネルは、アートワークで作成したマスクフィルムまたは乾板と密着させて紫外線で露光します。フィルムを用いる場合には真空の焼枠で密着させます。露光により紫外線の照射されたところのレジストに化学変化が起こり潜像が形成されるので、現像でレジストパターンを得ることが出来ます。

　光源には図5.3のように、点光源と平行光源があります。パターン幅が$100\mu m$程度では(a)の点光源を用いて作成することができます。ドライフィルムはポリエステルフィルムでカバーされており、さらに、マスクフィルムが保護シートで保護されていると、マスクの銀塩層と感光レジスト層との間にギャップができて、点光源では周辺で光が斜めになりパターンのズレが生じることがあります。液状レジストの場合は直接フィルムと密着させ、レジスト厚も小さいので解像度は良く、ズレも少なくなります。

　(b)の平行光源を用いると、光線が平行光で入射するので、マスクフィルムの画像を忠実に再現します。したがって、ファインパターンを作成することが出来るこ

```
内層銅張積層板
  ├─ 前処理
  ├─ 感光レジスト塗布
  ├─ 紫外線露光
  ├─ 現像
  ├─ エッチング
  ├─ 剥離
  ├─ 検査
  └─ 完成
```

図5.4　自動露光装置の例（写真提供：伸光製作所）

とになるので、100μm以下のラインの再現には欠かせないものとなっています。平行光は水銀アークランプの点光源をフライアイレンズと放物面鏡を組み合わせて作り出されます。図5.4に示すような自動露光機ではこの平行光源が組み込まれています。自動、手動ををとわず、露光量、時間の設定を正確にすることが大切で、最近は測定は容易になってきていますが、その測定器は定期的に校正が大事なことになります。

　露光は一般に密着露光ですが、精密で小型な配線ではマスクを近接させ投影法で行うこともあります。

5.1.4　現像

　現像は露光工程で形成した潜像を顕像とする工程です。現像液に対して潜像はネガ型レジストは硬化して不溶性となり、ポジ型レジストでは可溶性となっています。現像はこの未硬化部、可溶部を溶解除去する工程です。現像液はレジストの種類によって異なってきます。ネガ型で有機溶剤現像型のものは1.1.1-トリクロロエタンなどの有機塩素系溶剤が用いられました。しかし、溶剤による大気汚染、環境衛生上の問題が起こって使用禁止となり、現在ではアルカリ水溶液現像型のものに移行しています。現像液は0.6～2.0%炭酸ナトリウムの水溶液を用い、温度30℃程度で現像します。ポジ型の現像液も炭酸ナトリウム系のアルカリ水溶液を用います。現像作業は水平コンベア装置で、スプレーで液を噴霧して行います。現像液の濃度、温度、スプレー圧、パネルからの液の排除などパターンの再現性に影響する因子が

検討されます。スプレーノズルは左右に振られて、パネルに均一に当たるようにしています。また、コンベア装置なので、前処理装置と同様、薄物の処理ができるように考慮されています。水洗は十分に行い、水切りをします。現像工程は単独で行うことはなく、次のエッチング工程、剥離工程とともにコンベアを連続させて作業を進めるので工程間では水きり程度とし、乾燥はしていません。

5.1.5 エッチング

現像が終了した製造パネルはエッチング工程に進みます。エッチングはレジストのない露出した銅箔を化学的に溶解することで、導体パターンを実現するための重要な工程となります。エッチングは水平コンベア装置で（図5.5）、エッチング液を上下よりスプレーして行いますが、現像装置と連結して連続で処理しています。エッチング工程では銅を溶かすためにエッチング液を大量に消費します。エッチング液の変化も大きく、エッチング速度、銅パターンの形状が絶えず変動するので、この変動を常に把握し、エッチング条件の調整を行っています。

調整する条件には、温度、エッチング液濃度、銅濃度、粘度、スプレー圧、スプレー液の粒径、コンベア速度、板表面の液の流動状況など、数多くのものがあるので、できる限り自動化して調整をするようにしています。

エッチングは液をパネルに垂直に当てますが、銅の溶解は液の方向だけではなく、横方向にも進みます。これをサイドエッチングといいますが、サイドエッチングが大きいと導体パターンの幅の変動が大きくなります。できるだけエッチング液の速度が大きく、垂直に当たるようにし、エッチング後の液の滞留を小さくするように工夫がなされています。ファインパターンとするためには上面では液の排除が難しいので、下面のみにスプレーし、途中で反転する方式を採用することがあります。

エッチング液はエッチャントともいわれ、全て酸化性の水溶液で銅箔を酸化、溶解するものです。エッチング液として用いられているものは塩化第二鉄液、塩化第二銅液、アルカリエッチャントがあります。エッチング液はエッチングレジストに適合するものを選択しますが、塩化第二鉄、塩化第二銅は有機レジストの場合に用いることができます。アルカリエッチャントは有機レジストでも勿論使用できますが、後述するパターンめっき法で用いる錫・鉛めっき、錫めっきなどの金属をレジストにしてエッチングする場合にも用いられます。

エッチング液の選択にはエッチング速度、エッチング後の導体の形状（銅箔のサイドエッチング量と銅箔の厚さの比であるエッチファクター）や連続運転の制御の

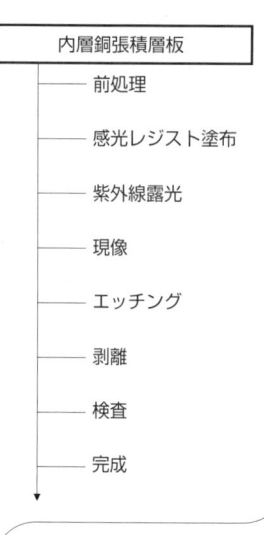

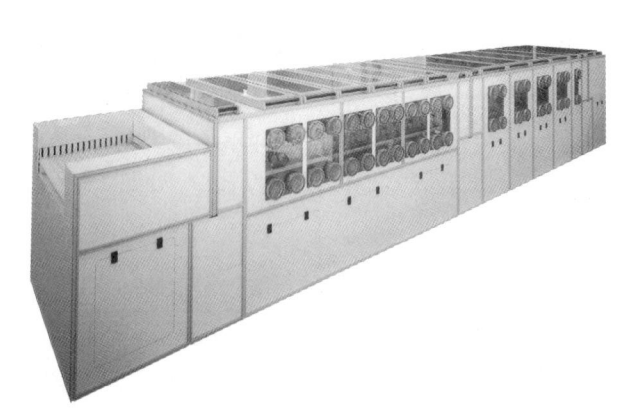

```
内層銅張積層板
├─ 前処理
├─ 感光レジスト塗布
├─ 紫外線露光
├─ 現像
├─ エッチング
├─ 剥離
├─ 検査
└─ 完成
```

図5.5　エッチング装置の例（写真提供：東京化工機（株））

可能性、液寿命、水洗性、廃液処理の容易さ、コストなどを考慮しています。

エッチングの反応はエッチング液が銅表面に運ばれる速度、除去される速度に支配されます。装置は加圧式のスプレー方式をとり、エッチング液は組成、濃度、温度などを制御することになります。

エッチング液のそれぞれの性状溶解の原理は次の通りです。

(1) 塩化第二鉄

最も古くから用いられているエッチング液で、エッチング速度が大きく、また粘性が大きいのでエッチングの精度に優れ、形状のよいものを期待できます。

エッチングの反応は次の反応式のように進行します。

$$FeCl_3 + Cu = FeCl_2 + Cu_2Cl_2$$
$$FeCl_3 + Cu_2Cl_2 = FeCl_2 + CuCl_2$$
$$2FeCl_2 + 2HCl + (O) = 2FeCl_3 + H_2O$$

反応が進むと、銅含量、pH が大きくなりエッチング速度が低下します。エッチングで生成する $FeCl_2$ は HCl と大気中の酸素により、ある程度は $FeCl_3$ に戻すことができます。酸化剤を用いて酸化還元電位をコントロールしながら酸化力を一定に保つようにするとより均一なエッチングができるようになります。エッチング能力の再生システムでコントロールすることでエッチング能力を低下しないようにすることが容易になってきています。しかし、塩化第二鉄液のリサイクルは出来ていませんが、エッチング液の供給者との間でのリサイクルを行っています。

(2) 塩化第二銅

塩化第二銅溶液は塩化第二鉄に比べエッチング速度が小さいものです。
塩化第二銅液の反応は次の通りです。

$$Cu + CuCl_2 = Cu_2Cl_2$$
$$Cu_2Cl_2 + HCl + H_2O_2 = 2CuCl_2 + 2H_2O$$

Cu_2Cl_2は不溶性なので、これを銅表面に生成させず、エッチング能力を均一にするため、HClとH_2O_2を添加して再生するリサイクルシステムができています。この場合、反応式より分かるように、$CuCl_2$が蓄積していくので、$CuCl_2$の廃棄処理が必要ですが、リサイクルシステムの構築が容易で、普及している方式です。

(3) アルカリエッチャント

アルカリエッチャントはアンモニアアルカリ性の水溶液で、$NaClO_2$,$Cu(NH_3)_4Cl_2$, NH_4OH, NH_4Clその他のものを加えた液です。銅を$NaClO_2$で酸化し、NH_4OH, NH_4Clでアンモニア錯塩として溶解するものです。

反応は、

$$2Cu + Cu(NH_3)_4Cl_2 = 2Cu(NH_3)_2Cl$$
$$4Cu(NH_3)_2Cl + 4NH_4OH + O_2 + 4NH_4Cl = 4Cu(NH_3)_4Cl_2 + 6H_2O$$

のようになり、溶解していきます。

このエッチング液は有機レジストの他、錫、はんだやニッケルなども溶解しないので、これらもレジストとして使うことができます。

いずれのエッチング液も使用量が多いので排出する液も多くなり、環境対策としてリサイクルを考慮することが大切です。

5.1.6 剥離

エッチングして導体パターンが完成した後はエッチングレジストは不要になるので、これを剥離して銅箔のパターンとします。剥離は現像、エッチングと同様、剥離液をスプレーして行うので、現像、エッチング、剥離の工程は連続して処理されます。剥離液はレジストの種類により異なりますが、有機溶剤現像型のネガレジストは、レジストを膨潤させて剥離するので、膨潤させる溶剤を用い、スプレーにより膨潤除去します。塩素系の塩化メチレンなどを用いましたが、大気汚染、発癌性、作業環境などの問題で、使用禁止となりました。したがって、有機溶剤現像型のネ

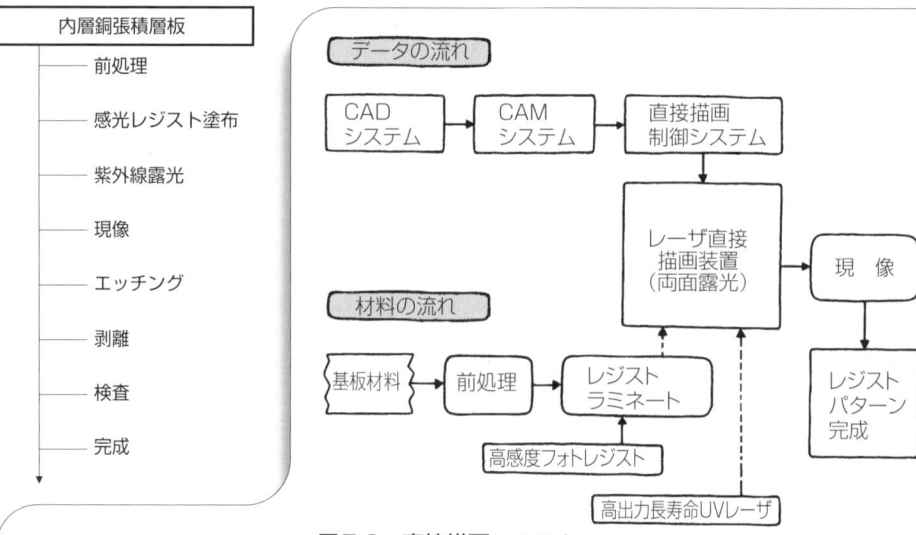

```
内層銅張積層板
├─ 前処理
├─ 感光レジスト塗布
├─ 紫外線露光
├─ 現像
├─ エッチング
├─ 剥離
├─ 検査
└─ 完成
```

データの流れ：
CADシステム → CAMシステム → 直接描画制御システム → レーザ直接描画装置（両面露光） → 現像 → レジストパターン完成

材料の流れ：
基板材料 → 前処理 → レジストラミネート（高感度フォトレジスト）→ レーザ直接描画装置（高出力長寿命UVレーザ）

図5.6　直接描画システム

ガレジストを用いる場合、これに代わる安全性の高い剥離液が必要となり、実際にはこのレジストは使われなくなりました。

　現在使われているのはアルカリ現像型レジストで、剥離にはネガ型レジストには高濃度の水酸化ナトリウム水溶液を使用し、膨潤させながら剥離をしています。膨潤させスプレーで除去しているとレジストの微細片（これをスカムといいます）が発生することがあり、再付着するとトラブルの元になりますので、レジストの性状や剥離液の条件で防止しています。ポジ型レジストは、紫外線で再露光すると可溶化するので容易に剥離することができます。剥離の後は、十分な水洗、湯洗を行い、乾燥し、乾燥したクリーンな環境のところに保管します。

5.1.7　検査

　最終検査のところで詳細に説明しますが、内層の検査は工程内の比較的重要なポイントでのチェックとなります。内層のエッチングが完了し、積層工程に送るパネルは多層積層することで多層プリント配線板の内部に置かれるので、内層の完成したところでの検査は重要な検査となります。これは品質の把握、製品の品質保証の観点より行うもので、通常は全数検査を行います。内層の検査は外観検査が主体で、一般には目視検査で行いますが、パターンがファインとなると目視では不可能となり、拡大鏡による検査を行います。最近は、光学的自動外観検査機による検査が普及してきました。検査環境も塵埃が検出されることのないようクリーンな環境で行

います。検査項目には次のようなものがあります。

 1）導体に関するもの：パターン断線、細り、パターン剥離、パターンずれ、ショート、パターン間隙不足（パターン太り）、導体残り、導体表面汚れ、など
 2）基材に関するもの：基板の破損、異物の混入、汚染、など

 電気検査は検出項目がショート、断線に限られるので内層の場合あまり行うことがなくなりましたが、配線の導体抵抗を測定する場合に行われます。

5.2 直接イメージング

　感光膜を形成した製造パネルはフィルムを密着させて露光しますが、この直接イメージングではアートワークでマスクフィルムを作成したと同じように、レーザでパネル上をスキャンして画像を形成する方法です。この方法は図5.6に示すように、レーザ描画装置にパネルを置き、CAMデータを用い、レーザを制御して露光する方法です。一回のスキャンで片面の露光を行い、反転してもう一度露光をします。この方法はマスクフィルムを作る必要がなく、短納期品、多品種少量生産品には向いているシステムです。また、パターンの位置合わせに用いる基準穴などの基準系の使い方が1回少なくなるので精度が向上、今後のファイン化したパターンを用いる高精度のものに適用されることが考えられます。

　直接露光装置は図5.7に示すようなもので、光源としては355nmの光の固体レーザや紫外線アルゴンレーザなどが用いられます。アートワークに用いるフィルムと異なり、パターン作成のレジストの感光度は低いので、光度の大きい光源を用いることになります。感光材の感度が向上すれば、光源の強さを小さくすることは可能です。この場合には、作業する部屋を感光材が感光しないように暗くすることが必要となってきます。現像以降の処理は前記の方法と同じ工程です。

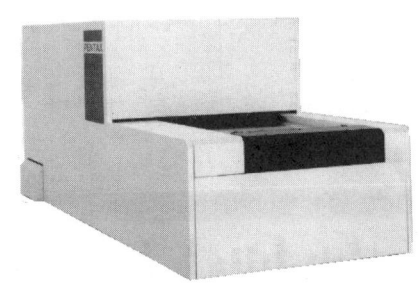

図5.7　直接露光装置の例（写真提供：ペンタックス（株））

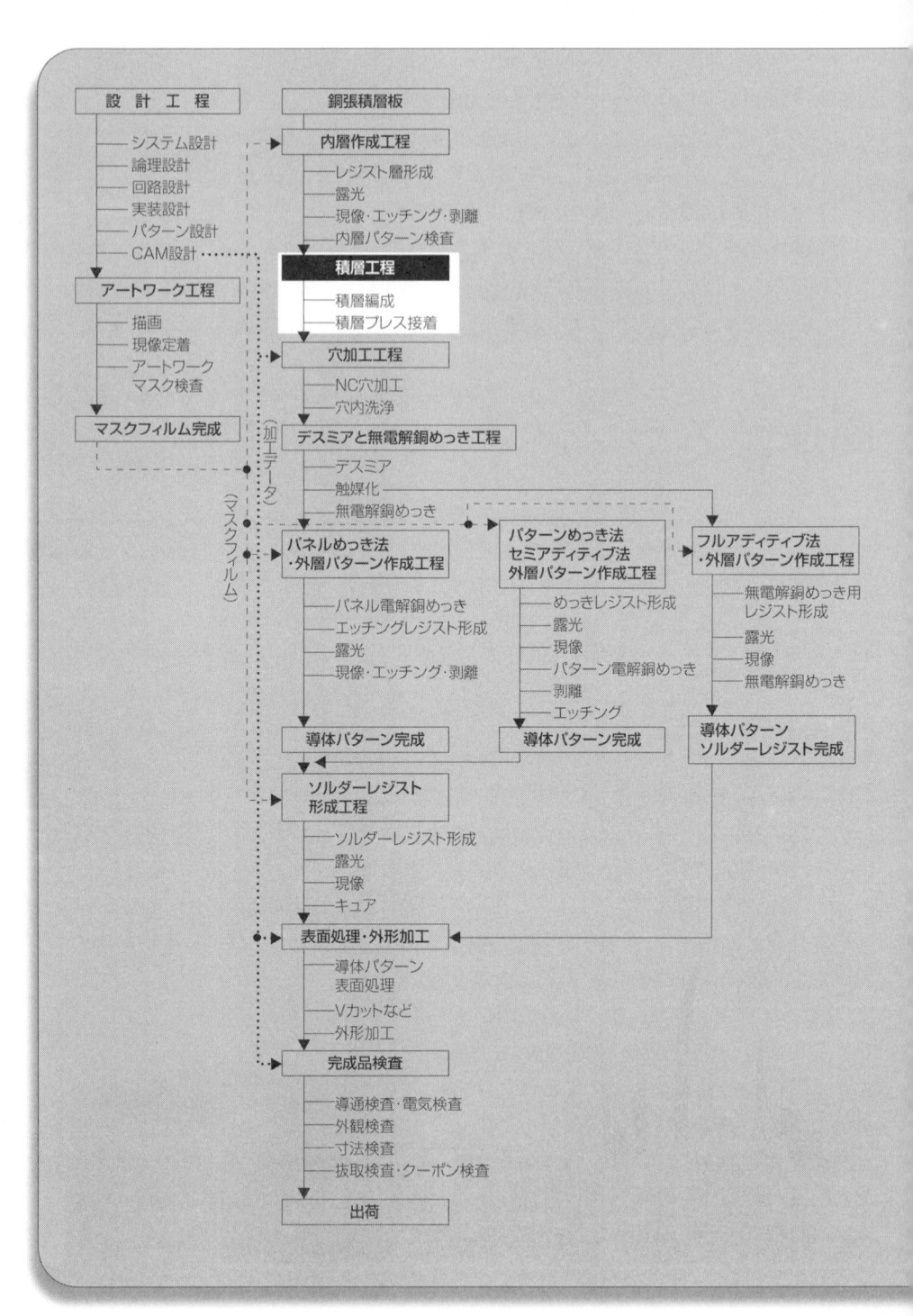

```
[設計工程]
 ├ システム設計
 ├ 論理設計
 ├ 回路設計
 ├ 実装設計
 ├ パターン設計
 └ CAM設計 ……

     ↓
[アートワーク工程]
 ├ 描画
 ├ 現像定着
 └ アートワーク
   マスク検査

     ↓
[マスクフィルム完成]
```

```
[銅張積層板]
     ↓
[内層作成工程]
 ├ レジスト層形成
 ├ 露光
 ├ 現像・エッチング・剥離
 └ 内層パターン検査

[積層工程]
 ├ 積層編成
 └ 積層プレス接着

     ↓
[穴加工工程]
 ├ NC穴加工
 └ 穴内洗浄

     ↓
[デスミアと無電解銅めっき工程]
 ├ デスミア
 ├ 触媒化
 └ 無電解銅めっき
```

（加工データ）
（マスクフィルム）

パネルめっき法 ・外層パターン作成工程	パターンめっき法 セミアディティブ法 外層パターン作成工程	フルアディティブ法 ・外層パターン作成工程
─ パネル電解銅めっき ─ エッチングレジスト形成 ─ 露光 ─ 現像・エッチング・剥離	─ めっきレジスト形成 ─ 露光 ─ 現像 ─ パターン電解銅めっき ─ 剥離 ─ エッチング	─ 無電解銅めっき用 　レジスト形成 ─ 露光 ─ 現像 ─ 無電解銅めっき
↓	↓	↓
導体パターン完成	導体パターン完成	導体パターン ソルダーレジスト完成

```
[ソルダーレジスト
 形成工程]
 ├ ソルダーレジスト形成
 ├ 露光
 ├ 現像
 └ キュア

     ↓
[表面処理・外形加工]
 ├ 導体パターン
 │ 表面処理
 ├ Vカットなど
 └ 外形加工

     ↓
[完成品検査]
 ├ 導通検査・電気検査
 ├ 外観検査
 ├ 寸法検査
 └ 抜取検査・クーポン検査

     ↓
[出荷]
```

第6章 多層積層工程

　積層工程は、多層プリント配線板を製造するための特有の工程となります。通常の多層積層の方法は導体層を板の内部に設けるために内層工程で作成したパネル、これを内層コアといいますが、この内層コアと層間を接着するプリプレグ、表面の導体パターンを作成する銅箔とを重ね合わせて、加熱した熱盤を持つ積層プレスで加熱と加圧を行うことにより接着して一体化とする方法です。

　最近になり、両面板あるいは多層板をさらに内層とするIVHを持つものの積層、ビルドアップ法におけるコア基板上に絶縁層を積み上げる場合にプレスを用いて積層する方法が行われています。

6.1 積層工程

　積層プレスを用いる製造のプロセスは図6.1に示すものです。図は前章の内層工程で作られた導体パターンを形成したものを使用する工程です。IVHを形成させるための両面板または多層板を内層にする場合、ビルドアッププリント配線板で、コア基板または下層導体形成品に樹脂付き銅箔を積層する場合も内層完成品と同様に積層工程を進めて行

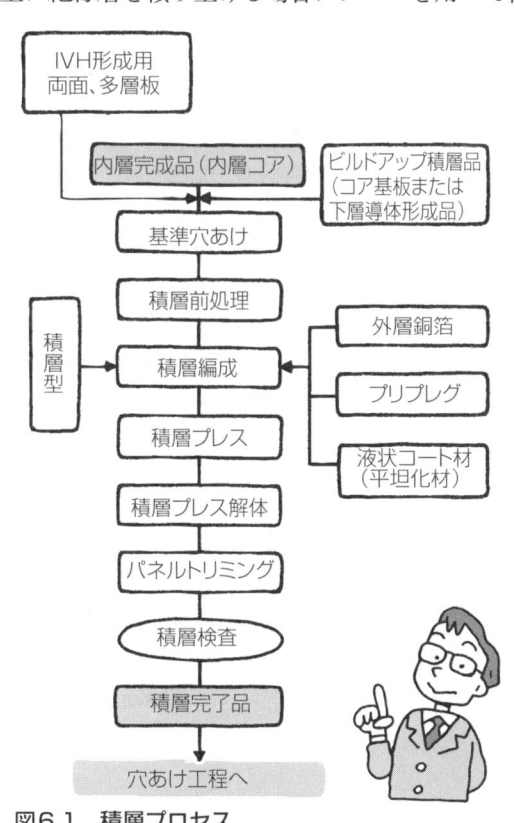

```
IVH形成用
両面、多層板
       ↓
  内層完成品（内層コア）─── ビルドアップ積層品
       ↓                    （コア基板または
   基準穴あけ                 下層導体形成品）
       ↓
   積層前処理
       ↓                    外層銅箔
   積層編成 ──────────────── プリプレグ
       ↓                    液状コート材
   積層プレス                （平坦化材）
       ↓
  積層プレス解体
       ↓
  パネルトリミング
       ↓
   積層検査
       ↓
   積層完了品
       ↓
   穴あけ工程へ
```

図6.1　積層プロセス

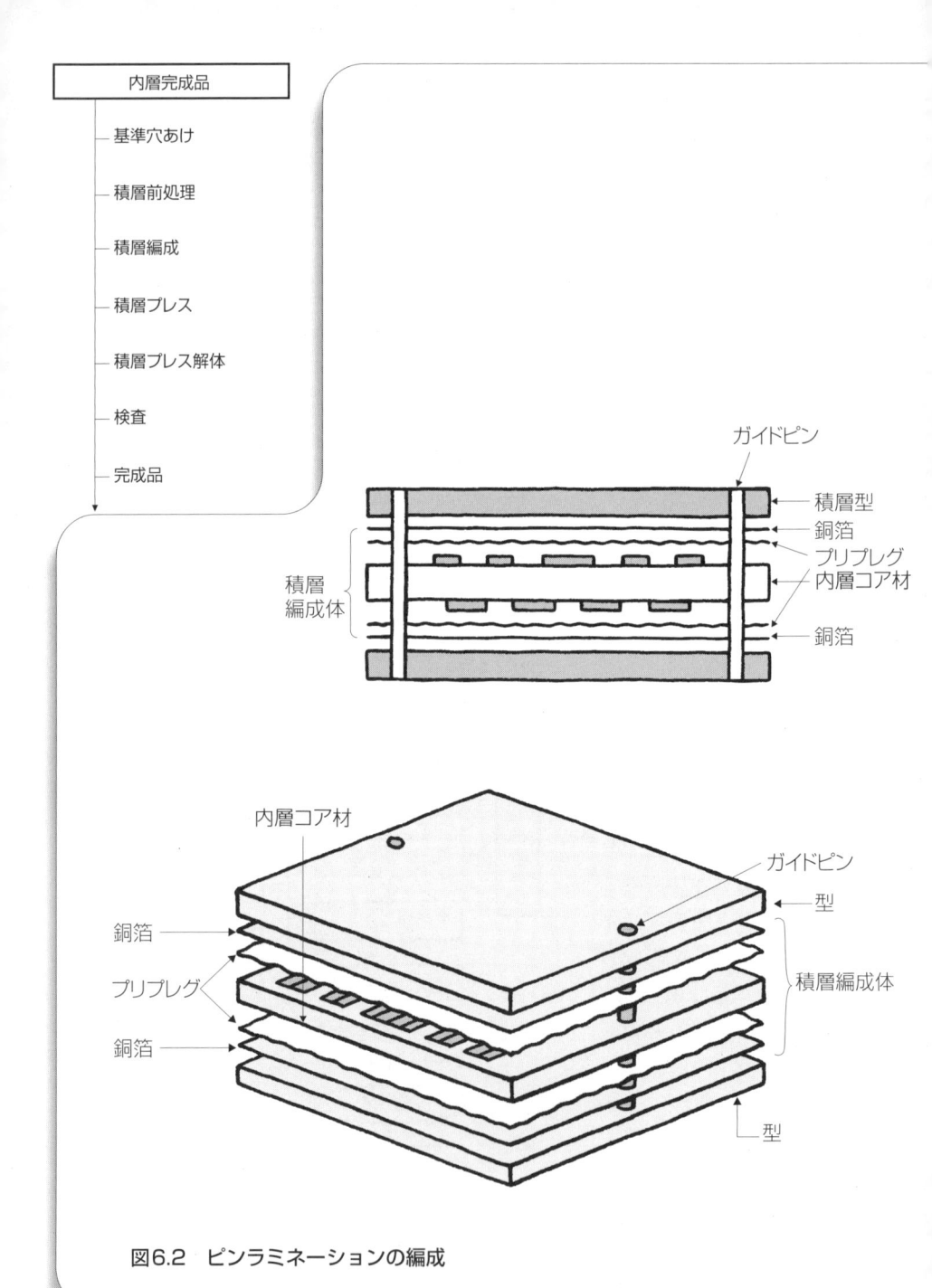

```
内層完成品
  │
  ├ 基準穴あけ
  │
  ├ 積層前処理
  │
  ├ 積層編成
  │
  ├ 積層プレス
  │
  ├ 積層プレス解体
  │
  ├ 検査
  │
  └ 完成品
```

図6.2　ピンラミネーションの編成

きます。したがって、ここでは通常の内層パネルをコアとしたものの積層について説明します。

6.1.1 基準穴あけ

内層のパターンの位置を合わせる方法として、内層コアに予め基準穴をあけて、これに基準ピンを挿入し層間を合わせる方法があります。これをピンラミネーション法といいます。この方法では積層工程の始めに基準穴をあけます。また、内層だけに基準穴をあけ、はと目を挿入して内層間だけの位置を合わせる方法があり、この場合も始めに穴をあけます。この方法をマスラミネーション法といい、6層以上を作るときに用います。この場合は内層に入るパネルが1枚のときは、この段階では穴をあけません。

(1) ピンラミネーション法

多層プリント配線板では、図6.2のようにピンを挿入して位置を合わせるピンラミネーション法が標準です。まず、ピン（ガイドピン）を挿入する基準穴を予めあけます。基準穴は内層加工時に銅箔のパターンとして基準マークを作成、これを光学的に読み取り、中心振り法で位置を決め、パンチ、またはドリルで穴をあけます。内層パネルはエッチングで銅箔が無くなると、内部の応力の緩和で伸縮するので、ピンの位置のマークが内部のパターンとズレることがあるので、この場合、内層パターンを作成するマスクを積層板の変化に応じ予め寸法を補正することがあります。この加工は外部の温度、湿度でパネルが変化するので、恒温恒湿室で行います。

(2) マスラミネーション法

ピンを基準穴に挿入することは自動化が困難なので、この作業をしない方法として図6.3に示すようなマスラミネーション法があります。3〜4層板では内層は1枚のコア材で構成するので、そのままプリプレグと銅箔を重ねて積層の編成を行うことができ、量産に向いた方法として普及しました。この方法では、積層後にX線読取装置で内層の基準マークを読み取り、基準穴を加工しているので、この段階では加工しません。しかし、5層以上では内層コアが2枚以上となりますが、マスラミネーション法に準じて積層を行うこともあります。この場合は内層を合わせる基準穴を予めあけることが必要です。この穴に、はと目を挿入して位置を合わせ、固定します。この後のプロセスは4層板のマスラミネーション法と同じです。

```
内層完成品
  │
  ├─ 基準穴あけ
  │
  ├─ 積層前処理
  │
  ├─ 積層編成
  │
  ├─ 積層プレス
  │
  ├─ 積層プレス解体
  │
  ├─ 検査
  │
  └─ 完成品
```

用語ミニ解説

ハロー現象：haloing
ハローとは太陽に暈（かさ）がかかることをいう。プリント配線板では機械的、または、化学的な加工によって、縁端部にかさのかかったように色の変わることをいう。機械的な加工ではパンチプレスによって、積層板端部がはく離し白色に見える状態、化学的加工では、多層板の接着に用いた黒化処理の酸化物がスルーホール工程で穴の端部より溶解し、穴の周辺に白色、または、ピンク状のリングが生ずる現象をいっている。この場合ピンクリングともいっている。

銅箔
プリプレグ
内層コア
合わせマーク

積層型
銅箔
プリプレグ
コア材
銅箔

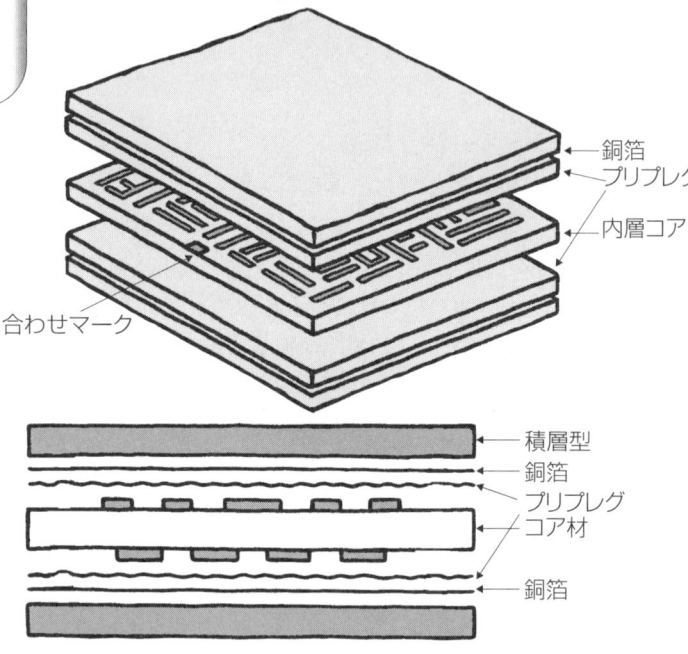

図6.3　マスラミネーションの編成

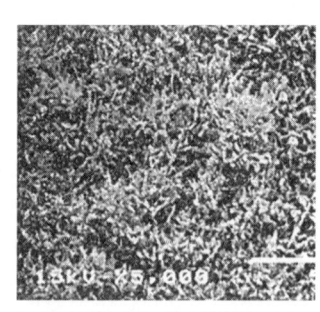

図6.4　黒色酸化皮膜の表面状態

ビルドアップ積層品では、樹脂付き銅箔を上下に1層ずつ積み上げていくので、4層板と同じように積層後に銅箔の下層のマークを読み取って基準穴をあけています。

　ピンの公差は、呼称値に対し−t，＋0であることが必要であるのに対し、ピンの公差は呼称値＋0，−tとしています。

6.1.2　積層前処理

　エポキシ樹脂は銅との接着力は弱いので、銅表面を強アルカリ性酸化性溶液で処理して、銅表面に黒色の酸化銅の房状の層を形成しています。樹脂はこの酸化膜とアンカー効果で接着することになります。溶液は過塩素酸塩などを主体としたもので処理温度は95～60℃です。処理液の組成については文献は少ないのですが、**表6.1**に一例を挙げます。その処理した表面を**図6.4**に示しました。企業により使用する組成は異なったものとなっています。温度などの生成条件により酸化銅、亜酸化銅の生成の比が異なり、その性質も変化してきます。また、酸化処理は銅表面を対象にしたものであり、強アルカリのために樹脂表面の清浄化に役立つと考えられますが、樹脂はアルカリに弱いので、浸せき時間など条件を決めるうえで十分に注意することが大切になります。

　黒色酸化銅（酸化第二銅）は酸性の液に溶解するので、めっき工程での酸処理でスルーホールに接するランド上の酸化膜が侵され、ランドの色が変化するハロー現象、ピンクリング現象が発生します。高密度のものでは発生が許されません。この対策として、酸化膜を還元して凹凸のある金属銅にする方法、また、酸化処理に代わり、次亜リン酸塩を還元剤とする無電解銅めっきの粗面析出法、有機酸塩による特殊なエッチング液による凹凸の生成　など方法も開発されています。

　絶縁層としての樹脂が異なれば、これに応じた積層前処理方法を行います。例えばポリイミドはアルカリに弱いので樹脂に合わせた処理を必要とします。この処理を誤るとポリイミドが変化し、密着性の低下、絶縁の劣化となります。

　処理装置はキャリア方式で、一槽ごとに処理して移動する方式と、水平にコンベアで処理する方法があります。前者は処理するパネルを篭状のラックに入れて処理します。酸化膜にキズがつかずに、取り扱いやすいのですが、処理速度は速くなりません。後者のコンベア方式を用いると、早い処理が出来ますが、コンベアベルトとパネルが接触し、酸化膜を痛めず、処理液が均一にパネルに当たるよう配慮が必要となります。

第6章　多層積層工程

- 内層完成品
  - 基準穴あけ
  - 積層前処理
  - 積層編成
  - 積層プレス
  - 積層プレス解体
  - 検査
  - 完成品

表6.1 酸化処理液の組成と条件例

	Black Oxide	Brown Oxide
$NaClO_2$	60g/l	30g/l
NaOH	80g/l	10
Na_2PO_4		10
Temp	95℃	95℃
Time	30～480sec	300sec

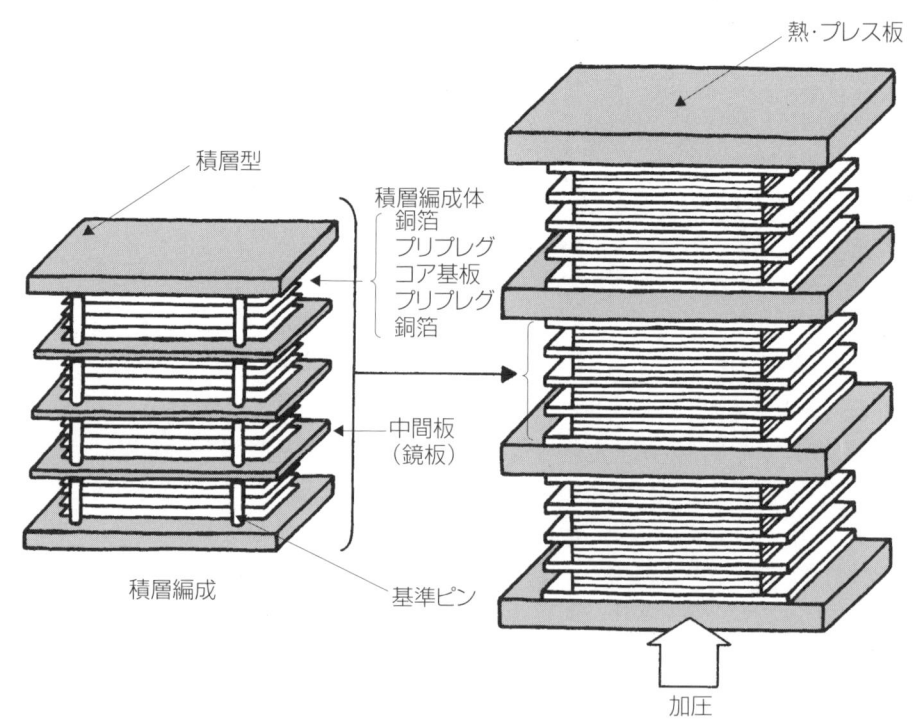

図6.5 積層編成・プレス工程の例(4層・4枚編成)

6.1.3　積層編成

　パターン導体層の配置、電源、グラウンド層の配置、導体層間隔など積層編成については機器の設計部門により指定されます。この指定に従い内層コア材、プリプレグ、銅箔を積み上げていくことが積層編成です。ピンラミネーション法では図6.5のようにステンレス製の積層型に基準ピンで位置を合わせながら内層コア材、プリプレグ、銅箔を順に積み上げ、これを熱プレスの熱板の間に置きます。熱板の1対を1オープンといいますが、この1オープンに載せる積層型の間に、多層板となる単位の組み合わせを中間板を間に挟み、5～10組前後を配置しています。この数は板の厚さ、積層ピンの長さ、難易度などにより変えています。

　プリプレグの必要枚数はプリプレグのガラス布の厚さ、樹脂量、内層材の銅箔の厚さ、残留銅箔の面積、全板厚などにより決めています。

6.1.4　接着シート

　内層コア材、銅箔を積層接着するためにプリプレグといわれる接着シート（ボンディングシート）を用います。これはガラス布にコア材と同質の樹脂を含浸し、加熱によりBステージといわれる半硬化状とした樹脂のシートです。このプリプレグをさらに加熱すると溶融し、完全に硬化します。この溶融・硬化により接着することになります。

　プリプレグの特性として、樹脂含量、樹脂流れ、硬化速度、揮発分や動的粘弾性特性などにより条件設定を行います。プリプレグは中間製品のため、湿度に影響されるので、低湿度、低温下に保管しています。図6.6にプリプレグの硬化時間の経時変化を示しました。また、プリプレグが加熱プレスで加熱されてからの粘度の変化を動的硬化特性といいますが、この特性の変化を図6.7に示します。ビルドアップ法に用いる各種の絶縁樹脂も中間製品ですので保管には十分な注意を払っています。プリプレグは脆いので、切断などで微細粉が飛散しやすく、銅表面に付着するとショートなどの欠陥になることがあるので、プリプレグの切断後、特性を変化させない程度の温度で短時間加熱して溶融固着させることがあります。

6.1.5　積層プレス加工

　積層型の中に編成した編成ブロックは積層プレスの熱板に載せ、加熱加圧を行って接着して一体化します。加熱加圧条件は、前記のプリプレグの特性で異なりますので、プリプレグの特性を十分把握して条件の設定を行います。最近のプレスは積

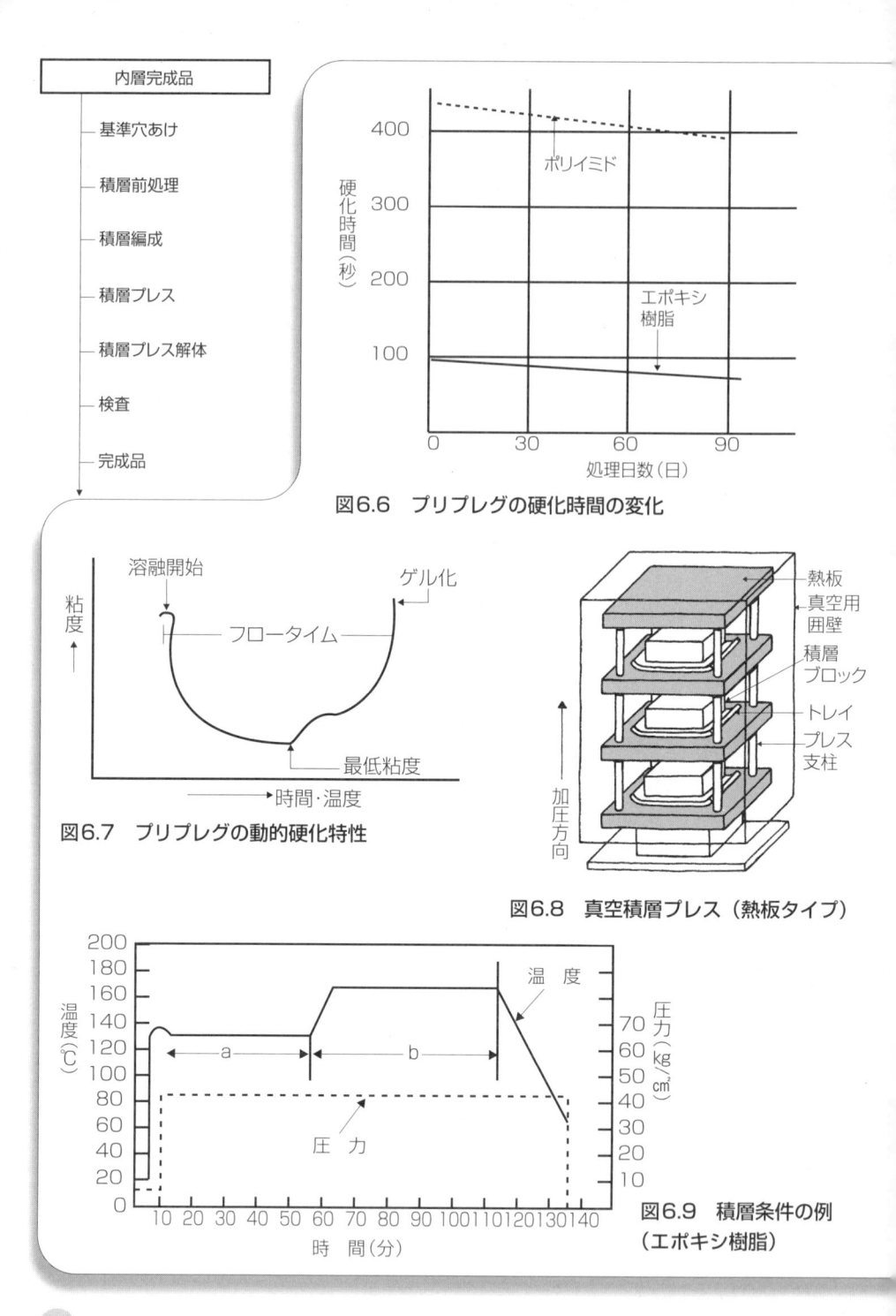

- 内層完成品
  - 基準穴あけ
  - 積層前処理
  - 積層編成
  - 積層プレス
  - 積層プレス解体
  - 検査
  - 完成品

図6.6 プリプレグの硬化時間の変化

図6.7 プリプレグの動的硬化特性

図6.8 真空積層プレス（熱板タイプ）

図6.9 積層条件の例（エポキシ樹脂）

層編成ブロックの出し入れは自動で行っています。

　ビルドアッププロセスの樹脂付き銅箔を用いる場合の積層も同じ方法で行います。

　最近のプレスは真空にしてから加圧するので、板の中のボイドはほとんどなくなり、板厚、寸法変化も小さくなってきています。熱板方式のプレスの構造を図6.8に示しました。熱板の間に編成ブロックを置き、加熱と加圧を行います。この図はプレス囲い込み方式で最もよく使われているものです。

　加熱、加圧のサイクルなど積層条件は、1段の積層量、プリプレグの特性により異なり、独自の条件を確立することが必要です。1つの例を図6.9に示しました。積層が終了した後冷却して取り出します。

6.1.6　編成の解体と基準穴あけ、外形加工

　積層の完了した板はプレスより取り出されし、基準ピンのあるものはピンを抜き、積層型、製造パネルの間に置いた中間板を取り除きます。これを解体といいます。解体された製造パネルは、周辺に樹脂が流れ、不規則な形になるので外形加工で形を整えます。外形と内層パターンの位置を正確に出すために、ピンラミネーション方式では基準穴を用い外形加工を行います。マスラミネーション方式では、内層の基準マークをX線で読み取り基準穴を加工した上で外形を加工します。X線穴あけの最近の装置は自動化されたものが多くなってきました（P.80の写真参照）。

　外形加工はダイヤモンドカッターで4辺を切断し、コーナーを丸くし、面取りの加工を行います。

6.1.7　検査

　積層の完了した板は外観と寸法の検査を行います。検査は外観ではキズ、へこみ、打痕、ガラス織目の浮き出しなど、寸法ではパネルサイズ、板厚、ソリ・ネジレなどを見ます。この段階では通常、破壊して内部を見ることは行っていません。

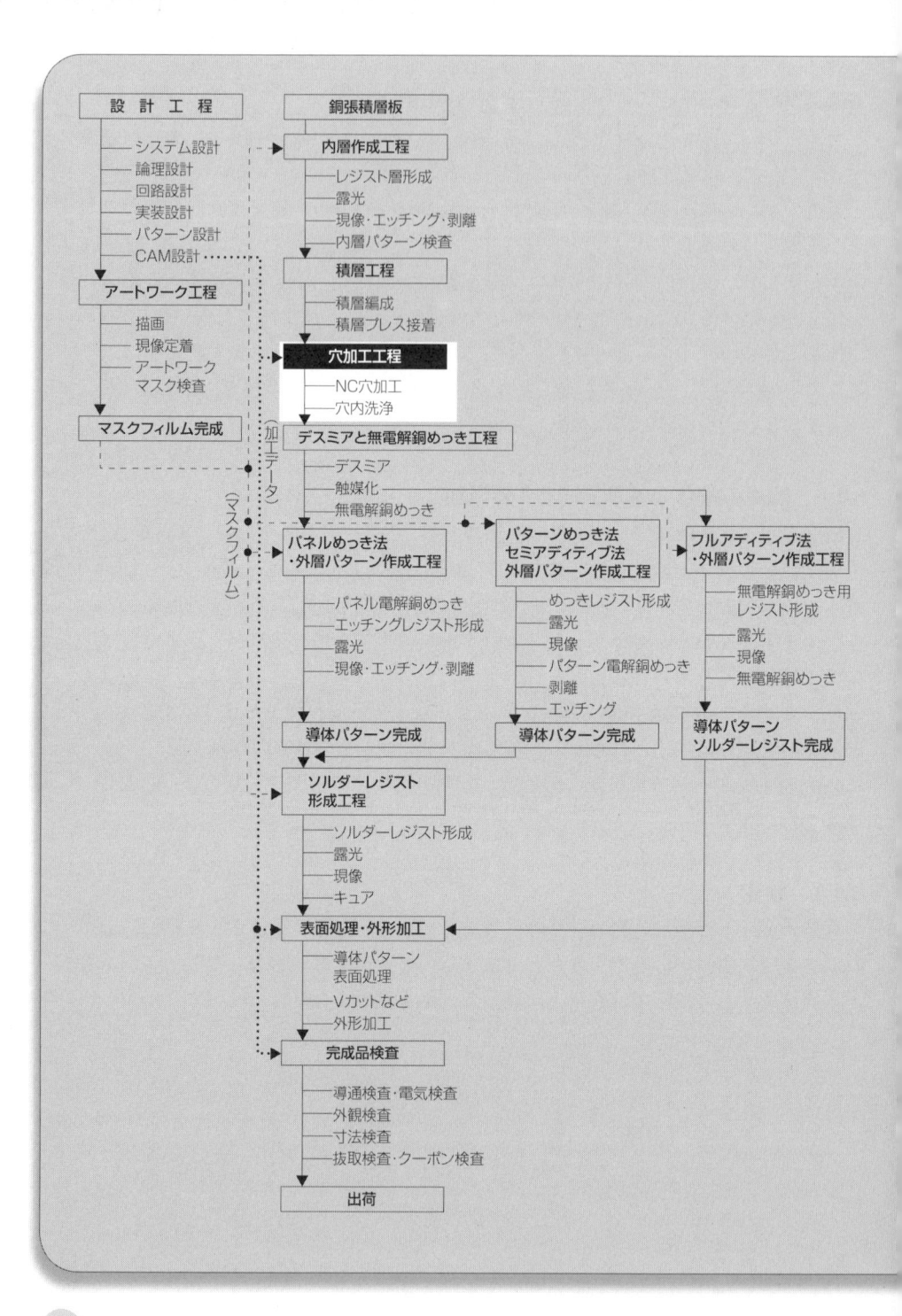

```
設計工程
├─ システム設計
├─ 論理設計
├─ 回路設計
├─ 実装設計
├─ パターン設計
└─ CAM設計

アートワーク工程
├─ 描画
├─ 現像定着
└─ アートワーク
   マスク検査

マスクフィルム完成
```

```
銅張積層板
  ↓
内層作成工程
├─ レジスト層形成
├─ 露光
├─ 現像・エッチング・剥離
└─ 内層パターン検査
  ↓
積層工程
├─ 積層編成
└─ 積層プレス接着
  ↓
穴加工工程
├─ NC穴加工
└─ 穴内洗浄
  ↓
デスミアと無電解銅めっき工程
├─ デスミア
├─ 触媒化
└─ 無電解銅めっき
```

(加工データ) / (マスクフィルム)

パネルめっき法
・外層パターン作成工程
├─ パネル電解銅めっき
├─ エッチングレジスト形成
├─ 露光
└─ 現像・エッチング・剥離
  ↓
導体パターン完成

パターンめっき法
セミアディティブ法
外層パターン作成工程
├─ めっきレジスト形成
├─ 露光
├─ 現像
├─ パターン電解銅めっき
├─ 剥離
└─ エッチング
  ↓
導体パターン完成

フルアディティブ法
・外層パターン作成工程
├─ 無電解銅めっき用
  レジスト形成
├─ 露光
├─ 現像
└─ 無電解銅めっき
  ↓
導体パターン
ソルダーレジスト完成

ソルダーレジスト形成工程
├─ ソルダーレジスト形成
├─ 露光
├─ 現像
└─ キュア
  ↓
表面処理・外形加工
├─ 導体パターン
│ 表面処理
├─ Vカットなど
└─ 外形加工
  ↓
完成品検査
├─ 導通検査・電気検査
├─ 外観検査
├─ 寸法検査
└─ 抜取検査・クーポン検査
  ↓
出荷

第7章 穴加工工程

7.1 穴加工工程と接続穴

　両面プリント配線板、多層プリント配線板は板厚方向の接続を行います。これを立体接続、Z方向接続といっています。板に穴をあけ、壁面にめっきをするめっきスルーホール法で接続するのが一般的です。この穴あけは機械的ドリルにより行っています。ビルドアッププリント配線板では、板を貫通する貫通穴でなく、ブラインドホールとして微小径の穴を使用するので、レーザや紫外光であけています。ここでは機械的な穴あけ法について説明します。

　加工する穴の位置は、プリント配線板の種類によりすべて異なり、設計情報にもとづいた数値制御データ（Numerical Control Data, NCデータ）で供給されます。

　接続の穴は部品リードを挿入して接続する穴と、パターン間の接続のみの穴とがあります。前者をピン挿入穴、後者をバイア、またはビア（Via）といいます。

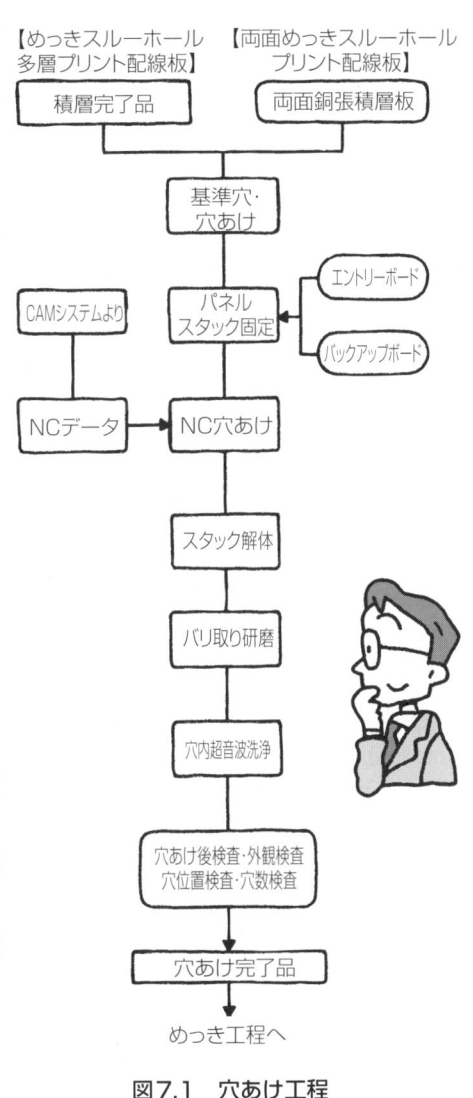

図7.1　穴あけ工程

【めっきスルーホール多層プリント配線板】→ 積層完了品
【両面めっきスルーホールプリント配線板】→ 両面銅張積層板
→ 基準穴・穴あけ
→ パネルスタック固定 ←（エントリーボード／バックアップボード）
　CAMシステムより → NCデータ → NC穴あけ
→ スタック解体
→ バリ取り研磨
→ 穴内超音波洗浄
→ 穴あけ後検査・外観検査　穴位置検査・穴数検査
→ 穴あけ完了品
→ めっき工程へ

積層完成品
- 基準穴あけ
- パネルスタック固定
- NC穴あけ
- スタック解体
- 後加工
- 検査
- 完成

ピン挿入穴の穴径は部品のリードの径で決まりますが、ビアは接続ができればよいので、微細な穴径となっています。表面実装方式が普及し、挿入部品が少なくほとんどの穴がビアとして使用されています。

7.2 穴あけデータ

　　　　　　穴をあけるには、穴あけの位置を制御するデータが必要です。3章で説明したように、CADで設計されたパターンのデータより編集した穴あけデータを用い、ＮＣ(Numerical control)穴あけ装置を制御してあけられます。穴あけデータの内容として、ドリル径、ドリルの回転スピード、送り速度、ドリル交換時期などパターン内のデータの他に、製造パネルの周辺にある基板の調査をするクーポンの穴あけデータなど製造に必要なデータが加えられています。穴あけデータはプリント配線板の品種毎に作成され、1組として穴あけのステーションに供給されます。

　データの供給はCD-R、MOディスクなどで個別に行う場合と、センターコンピュータの集合デスクにデータを蓄え、穴あけの現場よりの要求に応じデータが供給される方式があります。無人運転をするような場合、センター方式により製造することが多く、製造パネルにコード穴をあけたり、バーコードを付けるなどをし、これを読み取りシステムよりデータを得て穴あけを行っています。

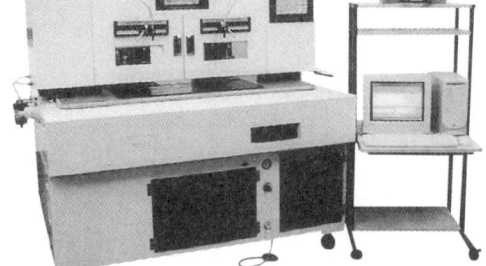

X線基準穴あけ機の例（写真提供：(株)モトロニクス）

7.3 穴あけ工程

　ドリルによる穴あけプロセスを図7.1に示します。多層プリント配線板、では積層したもの、両面プリント配線板では銅張積層板を製造パネルにカットしたものを用います。これらの製造パネルに基準穴をあけます。次に製造パネルの上面にエントリーボード、下面にバックアップボードを置き、1枚のまま用いるか、2〜4枚重ね、基準穴に基準ピンを圧入しスタックをしNC穴あけ装置に取り付けます。穴あけはNCデータで制御される数値制御穴あけ装置を使用します。スタックしたときの基準ピンを用いて、穴あけ装置のデーブル上に正確に置き、指定のドリル径で穴あけを行います。

　穴あけの完了後、スタックを取り外して解体します。この後、穴あけのときに穴の周辺に生じた銅箔のバリを取り除き、穴内に残る切り粉などを高圧水や超音波などを用いて洗浄します。水洗乾燥後、穴位置、穴内のスミア、凹凸や表面の傷などの外観検査を行い、次工程に送ります。

7.3.1 基準穴あけ

　穴あけ装置に設置するための基準穴は、積層工程または穴あけ工程であけます。ピンラミネーション法においては積層工程の始めでもあけますが、熱による材料の伸縮で基準穴の位置が変化するので、内層のパターンを基準にして、位置をX線で読み取り、中心振り分け法により穴あけ装置のスタック設定位置の穴に合わせて再穴あけを行います。これにより、内層のパターンと誤差の少ない穴をあけることができます。この穴が穴あけ装置の穴あけ開始位置を知るための基準になるので、できるだけ正確なことが必要です。

7.3.2　スタックの編成

　パネルに穴あけをする場合、図7.2のように、前工程であけた基準穴にピンを圧入して固定します。穴あけをする製造パネルは1枚のままあける場合と、2枚以上重ねる場合があります。1枚とするのは配線板の内容がむずかしいもの、製造量が

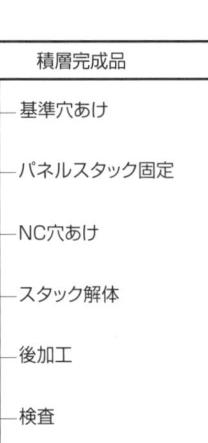

- 積層完成品
  - 基準穴あけ
  - パネルスタック固定
  - NC穴あけ
  - スタック解体
  - 後加工
  - 検査
  - 完成

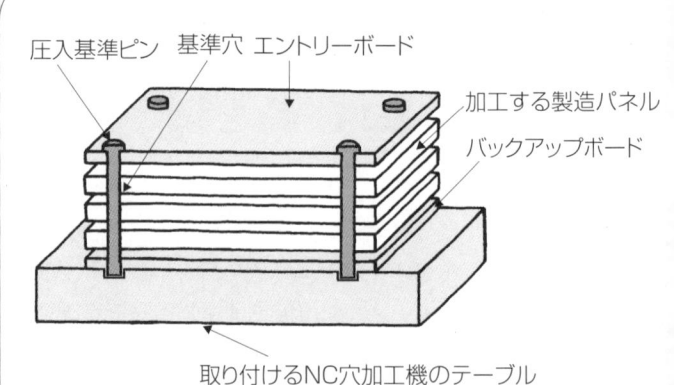

圧入基準ピン　基準穴　エントリーボード
加工する製造パネル
バックアップボード
取り付けるNC穴加工機のテーブル

図7.2　穴加工するスタックの断面

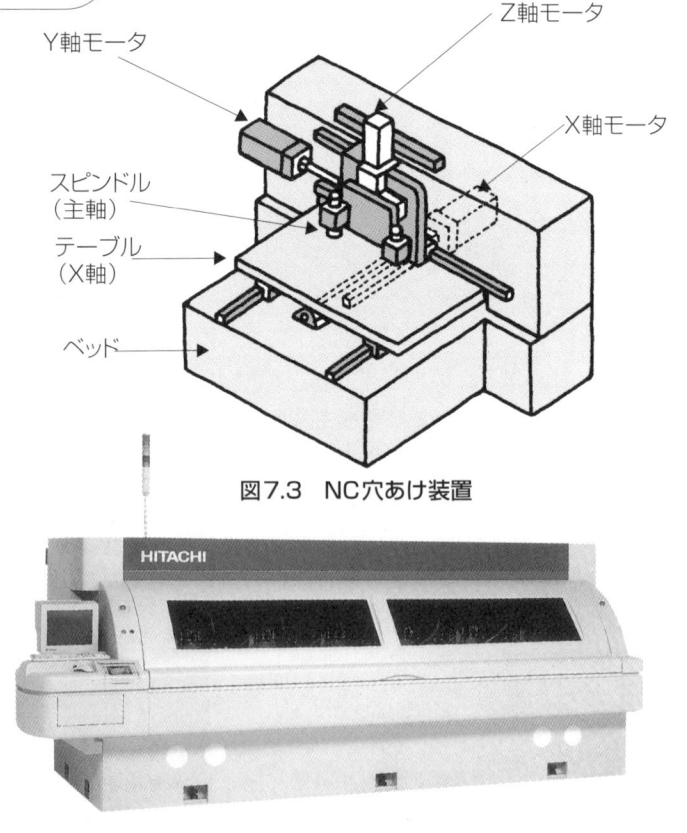

Z軸モータ
Y軸モータ
X軸モータ
スピンドル（主軸）
テーブル（X軸）
ベッド

図7.3　NC穴あけ装置

多層板穴あけ機の例（写真提供：日立ビアメカニクス(株)）

少ないもの、納期が短いものなどのときです。両面板の多いものなどは2～4枚重ねることが多くなっています。

　スタックは製造パネルの上下に、エントリーボードとバックアップボードを置いて基準ピンを圧入してパネルを固定します。このスタックを次の工程の穴加工機のテーブルに載せて固定します。スタックの上部に置くエントリーボードはドリルのくいつきをよくし、バリの発生を押さえるためのものです。アルミ箔、プレスボードあるいは専用に作られた特殊なシートなどが使われます。スタックの下に置くバックアップボードは主に紙フェノール積層板で、ドリルの先端が製造パネルを突き抜けても穴あけ装置のテーブルをキズつけないようにするものです。ドリルの回転により熱が発生しますが、この熱は積層板の樹脂を溶融し、銅箔の端面を汚すスミアの発生の原因になります。バックアップボード内での熱の発生を抑えるために、アルミニウム板2枚を用い、ハニカム状の空間のある板としたものも考えられています。このようにスタックしたものは穴あけ装置の基準穴にセットします。

7.3.3　穴加工と装置とドリル

　穴あけ装置は図7.3のごとく、X、Yの位置決めを独立して行う機構を持ち、モータにより駆動されます。穴をあけるためのドリルを回転させるスピンドルはZ方向で上下に動きます。このスピンドルの先端にドリルを付け穴あけをします。

　X, Y, ZはすべてNCデータによりコントロールされます。また、穴径の変更のためのドリル交換やドリルの摩耗を見越し一定の穴あけ数でドリル交換を行う工具自動交換装置を持っています。装置によってはドリル折れの検出機構をもつものもあります。

　装置全体は温度、振動などに影響のないようにしており、スピンドルの回転で熱が発生するので、機械の動作が定常状態になるのを待って加工しています。穴加工でドリル折れが起こると、穴あけは中止となり、板も不良になるので損害が大きくなります。検出装置をもつものもありますが、折れない工夫が必要で、材料の選択、ドリルの強度を大きくし、切り粉の排出をよくするとともに、ドリルの回転数、送り速度を最適にし、芯ぶれ、曲がりなどのないようにします。

　ドリルの位置精度については、最近のランド径、ドリル径は小さくなり、板厚が大きくアスペクト比の大きい穴をあけると、ドリルが穴あけ中に曲がってきます。これを防止するために図7.4のようなステップ送り加工を行い、精度を向上しています。

積層完成品
- 基準穴あけ
- パネルスタック固定
- NC穴あけ
- スタック解体
- 後加工
- 検査
- 完成

用語ミニ解説

樹脂スミア：resin smear
　多層板に穴あけ加工したときに、樹脂が溶融、フローしてスルーホール内に露出した導体上に付着することによる樹脂の汚れ。ドリルで穴あけをした場合に、ドリルと導体層や積層されたガラス布エポキシ樹脂などの絶縁基板との間の摩擦熱で樹脂が溶融して導体表面に付着するのが原因とされている。もう1つのものとして、ビルドアップ法における、炭酸ガスレーザによる穴あけでバイア底部に樹脂の残ることがある。これも樹脂スミアである。めっきによって層間を接続するときに、スミアがあると接続面積が減少し、あるいは、めっきの密着性が悪くなり、はんだ付けなどの加熱や使用中の温度変化によって断線を引き起こすことがある。最近は穴あけ後、デスミアの工程が標準的に入れられており、穴あけ条件も発生の少ないものとなっているのでスミアによる問題は少なくなっている。樹脂がエポキシ樹脂の場合エポキシスミアという。

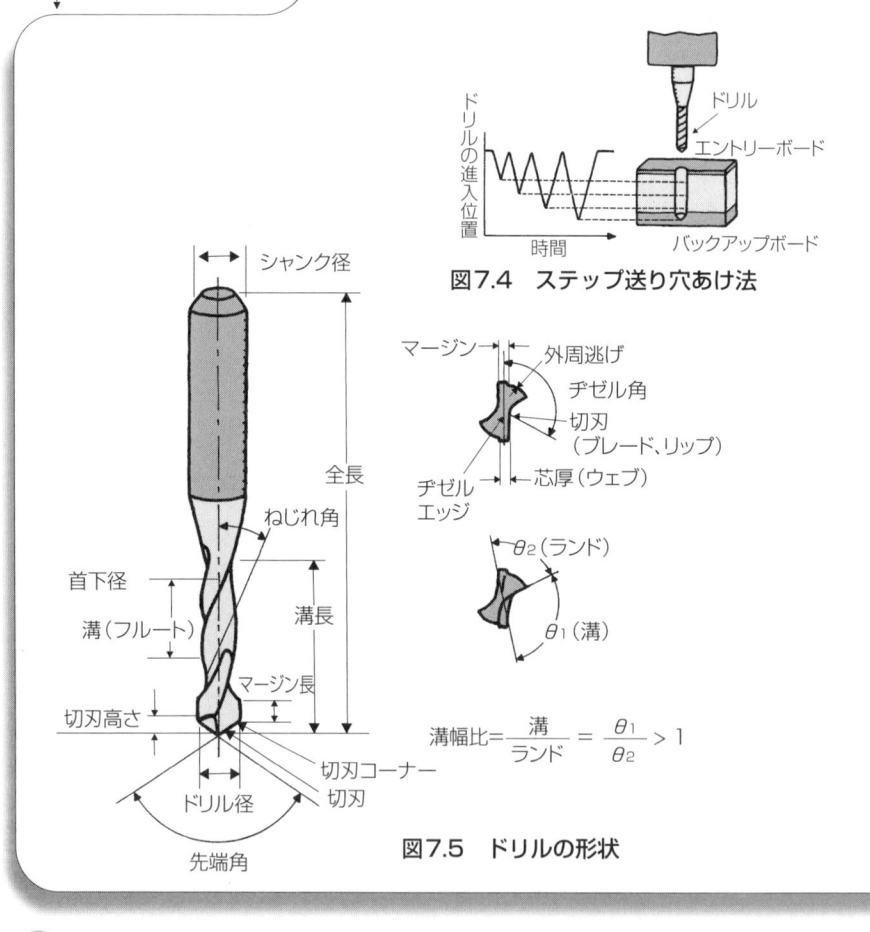

図7.4　ステップ送り穴あけ法

$$\text{溝幅比} = \frac{\text{溝}}{\text{ランド}} = \frac{\theta_1}{\theta_2} > 1$$

図7.5　ドリルの形状

穴加工に用いるドリルは、穴あけ装置のスピンドルに装着して、製造パネルに穴をあけます。プリント配線板用のドリルは図7.5のような形状で、スピンドルに取り付けるところはシャンクといい、太さを一定の直径としています。穴を切削する部分は穴径に応じた各種のものを用意しています。ドリルはプリント配線板を構成する樹脂、ガラス、銅箔よりなる複合材料を加工することになり、炭化タングステン（WC）系の超硬合金が用いられます。先端形状を螺旋状にして切り粉の排出をよくしています。穴壁を平滑にし、樹脂スミアの発生を抑制するためにドリルの先端だけを指定の径としたアンダーカットドリルを用います。その他、図のヂゼル角、マージン、ねじれ角、先端角などは品質に影響するので調査のうえ設定されています。

7.3.4 穴の品質

製造パネルにあけられた穴は、その後めっきを行うので穴の品質は重要です。品質としては穴径精度、穴位置精度とともに穴壁の凹凸、内層導体端面の樹脂スミアなどがあります。寸法についてはドリル径やドリルビットの欠けは事前に検査します。穴壁の凹凸、樹脂スミアはめっきの欠陥となります。

図7.6は穴内の欠陥を示したもので、ドリルが磨耗や欠けがあり、条件が悪いと穴の壁に凹凸が大きくなり、ガラス繊維がほつれ処理液の浸透が起こります。図ではスミアは除去してありますが、処理が過剰で、穴壁が後退し、めっきの欠陥が発生しています。

樹脂スミアは穴加工時、ドリルと穴壁との間の摩擦で相当の熱が短時間に発生し、穴内の温度が急上昇します。この様子を図7.7に示しました。この熱で樹脂が溶融し、銅箔の端面にフロー、冷却固化したのが図7.8のようなスミアと考えられているものです。このスミアは次の工程で除去されますが、激しく発生すると完全に除かれず、絶縁膜となります。また、スミアのひどいときは穴の壁の凹凸や、銅箔の変形なども同時に発生するので、この点を注意して加工が行われています。穴あけのときのドリルの回転数、送り速度が品質に影響します。穴径、板厚、積層板の性質に合わせて条件を設定しています。

また、ドリルは使用中に摩耗してきます。摩耗が大きくなると、熱の発生が大きくなると樹脂スミアや銅箔が上下に広がるネールヘッドが発生します。したがって、穴内壁を平坦に仕上げるために、穴あけ装置にはドリルの自動交換装置を付けて、データの指示で交換しています。

積層完成品
― 基準穴あけ
― パネルスタック固定
― NC穴あけ
― スタック解体
― 後加工
― 検査
― 完成

図7.6 穴の品質

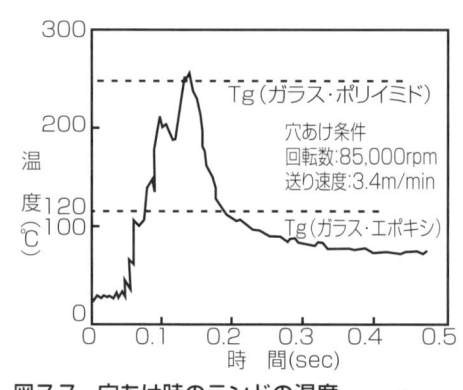

図7.7 穴あけ時のランドの温度

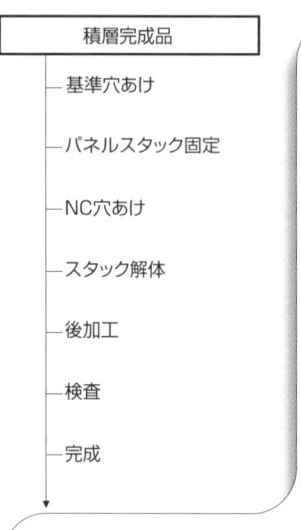

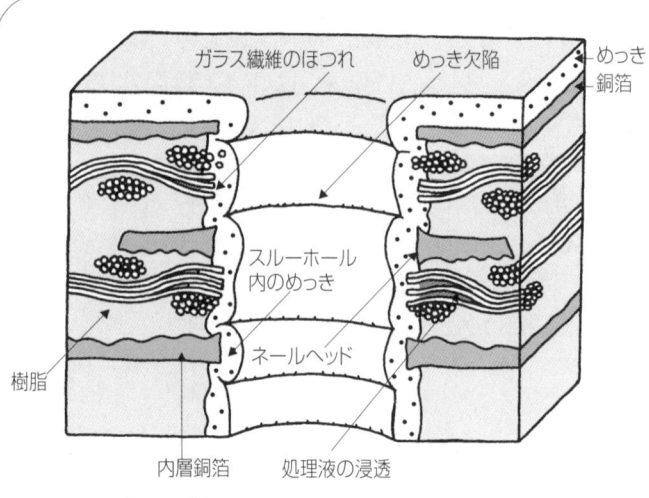

穴あけ条件
回転数:85,000rpm
送り速度:3.4m/min

図7.8 樹脂スミア

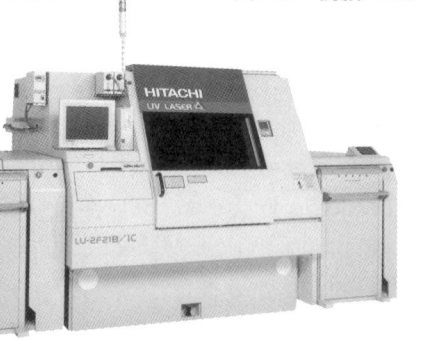

図7.9 レーザ加工機の例（写真提供：日立ビアメカニクス（株））

7.3.5　レーザ穴あけ

　ビルドアップ法が開発、普及してきて、微小のブラインドビアは機械的なドリルに代わり感光性の樹脂を紫外線であけるか、図7.9に示すようなレーザ加工機で穴あけされるようになってきました。
　とくに、レーザ穴あけによる方法がビルドアッププロセスでは多くなってきています。これについては後述することにします。

7.3.6　後加工

　穴あけの終了したものはスタックを解体し、穴のあいた製造パネルに発生した銅箔のバリをベルトサンダーなどを用いて平滑にし、穴内に残留した切り粉などを除去するために、高圧水洗浄や超音波を用いた洗浄を行います。内層銅箔端部の樹脂スミアはこの操作によってはほとんど除去されません。スミアを除去するためには、次工程の化学処理によって行います。

7.3.7　検査

　穴加工が終了したときにパネル表面と穴内の検査を行います。検査項目は穴位置、穴径、穴数およびパネル表面のキズの有無などの表面状態と穴内の凹凸、スミアなどの状態です。穴位置、穴径はアートワークフィルムと照合する、あるいは穴数検査機で自動読取りによる検査を行っています。これらの検査データはCAD/CAMシステムより供給されています。
　パネル表面の状態は、取り扱いによるキズなど銅箔の外観を目視により検査しています。穴内の状態はむずかしいのですが、板を斜めにして回転し、拡大鏡で見て穴内の凹凸、スミアの程度などを検査しています。しかし、微小径の穴はたいへんむずかしく、抜取りによる破壊試験で検査を行うことになります。したがって、穴加工の最適条件の管理が大切なものとなります。

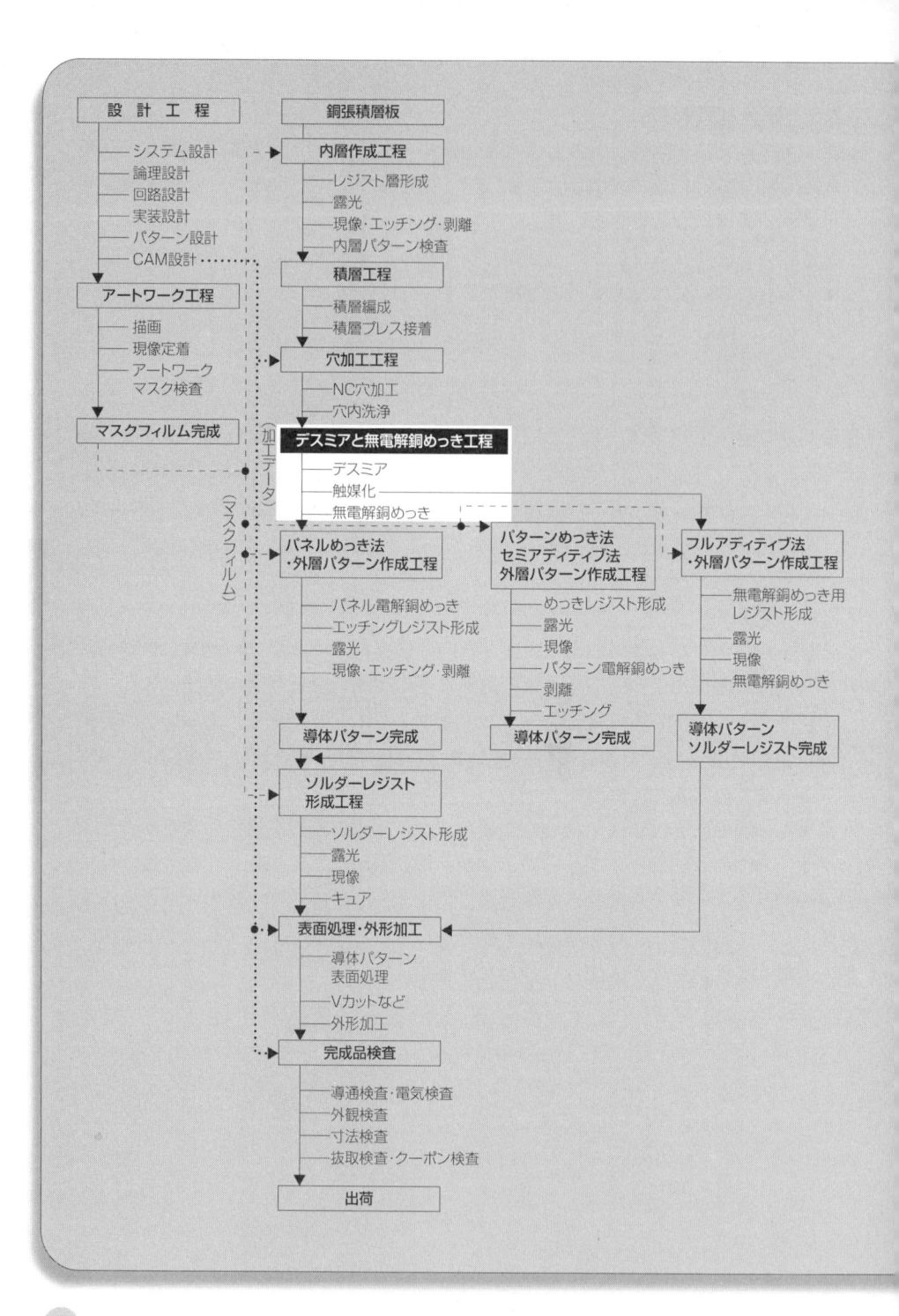

```
┌─────────────┐          ┌─────────────┐
│ 設 計 工 程 │          │ 銅張積層板  │
└─────────────┘          └─────────────┘
  ── システム設計                ▼
  ── 論理設計              ┌─────────────┐
  ── 回路設計              │ 内層作成工程│
  ── 実装設計              └─────────────┘
  ── パターン設計            ── レジスト層形成
  ── CAM設計 ⋯⋯             ── 露光
         ▼                   ── 現像・エッチング・剥離
┌─────────────┐              ── 内層パターン検査
│アートワーク工程│                ▼
└─────────────┘          ┌─────────────┐
  ── 描画                  │ 積層工程    │
  ── 現像定着              └─────────────┘
  ── アートワーク            ── 積層編成
     マスク検査              ── 積層プレス接着
         ▼                      ▼
┌─────────────┐          ┌─────────────┐
│マスクフィルム完成│        │ 穴加工工程  │
└─────────────┘          └─────────────┘
                           ── NC穴加工
                           ── 穴内洗浄
                              ▼
                    ┌──────────────────────────┐
                    │ デスミアと無電解銅めっき工程 │
                    └──────────────────────────┘
                       ── デスミア
                       ── 触媒化
                       ── 無電解銅めっき
```

┌──────────────────┐ ┌──────────────────┐ ┌──────────────────┐
│ パネルめっき法   │ │ パターンめっき法 │ │ フルアディティブ法│
│ ・外層パターン作成工程│ │ セミアディティブ法│ │ ・外層パターン作成工程│
└──────────────────┘ │ 外層パターン作成工程│ └──────────────────┘
  ── パネル電解銅めっき └──────────────────┘   ── 無電解銅めっき用
  ── エッチングレジスト形成 ── めっきレジスト形成   レジスト形成
  ── 露光   ── 露光   ── 露光
  ── 現像・エッチング・剥離 ── 現像   ── 現像
                          ── パターン電解銅めっき ── 無電解銅めっき
                          ── 剥離
                          ── エッチング

┌─────────────┐ ┌─────────────┐ ┌─────────────┐
│導体パターン完成│ │導体パターン完成│ │ 導体パターン │
└─────────────┘ └─────────────┘ │ソルダーレジスト完成│
         ▼   └─────────────┘
┌─────────────┐
│ソルダーレジスト│
│ 形成工程   │
└─────────────┘
  ── ソルダーレジスト形成
  ── 露光
  ── 現像
  ── キュア
         ▼
┌─────────────┐
│表面処理・外形加工│ ◀────
└─────────────┘
  ── 導体パターン
     表面処理
  ── Vカットなど
  ── 外形加工
         ▼
┌─────────────┐
│ 完成品検査 │
└─────────────┘
  ── 導通検査・電気検査
  ── 外観検査
  ── 寸法検査
  ── 抜取検査・クーポン検査
         ▼
┌─────────────┐
│   出荷   │
└─────────────┘

第8章 デスミアと無電解銅めっき工程

　この章では、穴あけをした製造パネルの穴にめっきする工程を説明します。その前に、プリント配線板に使われるめっきとその役割についても見ることにします。

8.1 プリント配線板に用いられる接続のめっきと表面処理

　プリント配線板のプロセスでは、各種のめっきが使われています。めっき(plating)によりプリント配線板の表面の導体と穴あけされた層間接続の導体を形成するほか、搭載部品の接続を行うパッドの表面処理用に用いられます。ここで、プリント配線板に関係するめっき全般について説明します。特に配線密度が高くなり、ファインパターンが必要となってくるとともに、めっきは非常に重要な技術として、プリント配線板を製造する上でのキープロセスとなっています。

　めっきの役割とめっき種類は次の通りです。

○接続に用いられるめっき
　　導体パターン形成・・・・・・無電解銅めっき、電解銅めっき
　　導体層間接続・・・・・・・・無電解銅めっき、導通化処理、電解銅めっき
　　エッチングレジスト・・・・・錫めっき、錫・鉛合金めっき

○パッドの表面処理に用いられるめっき
　　導体保護・はんだ付け・・・・錫めっき、錫・鉛合金めっき、鉛フリー錫合金めっき
　　　　　　　　　　　　　　　　無電解ニッケル／金めっき、電解ニッケル／金めっき

```
パネル
 ├─ 樹脂膨潤処理
 │  （コンディショナ）
 ├─ 水　洗
 ├─ デスミア
 ├─ 水　洗
 ├─ 中　和
 ├─ 水　洗
 └─ デスミア完了品
無電解銅めっき工程へ
```

用語ミニ解説

無電解銅めっき electroless copper deposition, electroless copper plating：金属の還元反応により、銅化合物の水溶液中で、パネルの表面全体、または導体パターンとなる部分などに電流を流すことなく金属を析出させること、または、析出したもの。化学銅めっきともいう。通常、銅めっきの場合Pdを触媒として反応を開始し、通常は、Cuの自己触媒作用でめっきが成長する。めっきスルーホールの導通化手段として古くから用いられている。

めっき plating：金属表面や樹脂などの表面に層状に金属を析出させることと析出した金属層をめっきという。析出する金属イオンを溶かした溶液を用いて、化学反応または電気分解によって行う。化学反応によるめっきは無電解めっきといい、金属面や樹脂などの絶縁体へのめっきに用いる。電気分解で行うものを電解めっきと呼び、金属面に金属を析出するめっきで使用する。プリント配線板の導体パターンの形成では、絶縁層が露出しているスルーホールめっきの導通化や絶縁基板上に導体パターンを形成する方式のアディティブ法では、無電解めっきで行っている。導通化膜上には銅めっきなどを電解めっきで行っている。スルーホールめっきには主として銅を用いた無電解銅めっき、および、電解銅めっきで行っている。ボンディングパッドやプリントコンタクトのめっきには金めっきが用いられる。端子が個々に離れていて、電極に接続できないものは無電解めっきで行う。これらのめっきは電解液中で行うために湿式めっきと呼ばれる。この他に、金属や樹脂表面に金属を析出する方法として、蒸着、スパッタリング、溶射、はんだ被覆などがあり、これらは乾式めっきと呼ばれ、広い意味でのめっきは両者を含むものである。

めっき下地処理 pretreatment of plating：めっきを行う前の下地となる金属の表面清浄化のこと。下地金属の性質により、適した脱脂、酸洗などを行っている。この処理が悪いとめっきはく離などの現象となる。

LSIのボンディング・・・・・無電解ニッケル／金めっき
　　　　　　　　　　　　　　電解ニッケル／金めっき（軟質）
　　プリントコンタクト・・・・無電解ニッケル／金めっき
　　　　　　　　　　　　　　電解ニッケル／金めっき（硬質）

　このほか、ニッケルめっき単体、パラジューム めっき、ロジュームめっきなどが用いられことがありますが、稀なものです。

8.1.1　導体層間接続のめっき

　両面プリント配線板、多層プリント配線板では導体層間の接続が重要です。この接続には穴の壁面にめっきをして接続するのが一般的です。最近では微小径のビアとして用いる場合、穴の中をめっき充填してしまうことも考えられています。絶縁基板で隔てられた導体の接続には、始め無電解銅めっきで穴内の絶縁体表面を導通化し、その上に電解銅めっきを行ってより確実な接続とします。穴を通して接続するので、めっきスルーホール法と呼ばれます。

　しかし、無電解銅めっき、電解銅めっきを行う場合、穴の中ばかりでなく、表面にある銅箔の上にもめっきが成長します。したがって、導体形成のめっきは面方向の導体パターンとスルーホールめっきによる立体的な接続の形成を同時に行うことになるので、この表面のめっきの厚さが外層のパターンのファイン化に大きく影響します。この関係は次章の電解銅めっきのところで説明します。また、接続の信頼性にはめっきの物性が大きく関係し、下地のめっき層となる無電解銅めっきだけでなくその前処理を含め、めっきの形成技術が大変重要なものとなっています。

8.1.2　表面処理としてのめっき

　完成したプリント配線板の表面のパッドは、ユーザーで部品のはんだ付け、LSIのワイヤボンディング、あるいは、コネクタの接触面として用い、それぞれに応じた表面処理が必要となります。部品のはんだ付けには、錫／鉛めっき、あるいは鉛フリー錫合金めっき、ニッケル/金めっきを行います。場合によってはめっきでなく、プリフラックスを塗布することもあります。また、LSIを直接載せて接続する場合、ワイヤボンディングが行われますが、このときには軟質の金めっきを施します。さらに、コンタクトとして用いる場合には、摩耗に耐えるように硬質の金めっきが行われています。

　こうした処理は製造工程の最後の方となるソルダーレジスト工程の後において行

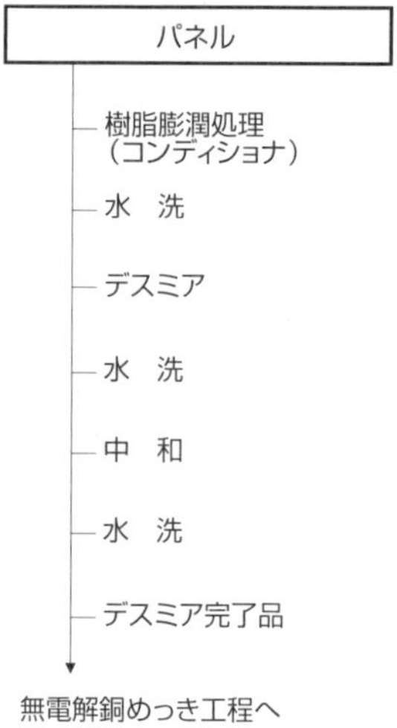

```
パネル
│
├─ 樹脂膨潤処理
│   （コンディショナ）
├─ 水　洗
│
├─ デスミア
│
├─ 水　洗
│
├─ 中　和
│
├─ 水　洗
│
└─ デスミア完了品

無電解銅めっき工程へ
```

用語ミニ解説

導通化処理：スルーホールめっきなどにおいて、樹脂表面を電流の流れるようにするために無電解銅めっきの代わりに行なう処理で、Pd、PdS、カーボン、導電性ポリマーをコーティングすることで導体層を形成して電解銅めっきの下地とする処理。

```
穴あけ完了品    樹脂コーティングパネル
        │            │
        └─────┬──────┘
              ▼
    樹脂膨潤処理（コンディショナ）
              ▼
           水　洗
              ▼
          デスミア
              ▼
           水　洗
              ▼
           中　和
              ▼
           水　洗
              ▼
           乾　燥
              ▼
        デスミア完了品
              ▼
      無電解銅めっき工程へ
```

図8.1　デスミアの工程

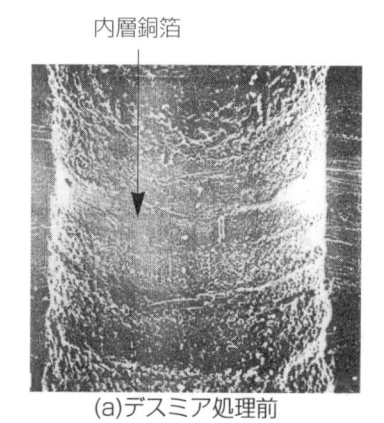

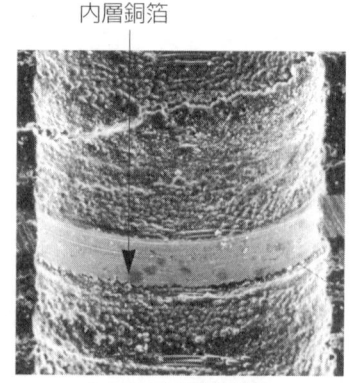

(a)デスミア処理前　　　　(b)デスミア処理後

（内層銅箔）

図8.2　デスミア処理による銅箔面の変化

われるので、最終加工の章で説明します。

8.1.3　めっきの下地処理

　めっきは、下地となる金属面や樹脂面の状態によってめっきの密着性や物性、均一性など仕上がりの状態に大きく影響するものです。したがって、めっきの前処理を確実に行うことは大変重要なこととなります。

　穴あけの終了した穴の内部の銅箔の端面には樹脂スミアがあり、切り粉の残留が考えられるので、樹脂の除去、洗浄を行うことが必要です。ビルドアップ法で、銅箔のない樹脂層の場合には樹脂表面を粗面化してめっきの密着性を向上させますが、これもめっき下地の処理となります。

　銅箔面にもめっきを析出させるので、この面の清浄化も重要です。金属面は機械研磨、脱脂、酸洗を行います。処理薬品は金属の種類により異なりますが、銅の場合、硫酸－過酸化水素、過硫酸塩や硫酸を用います。デスミア（スミア除去）を行った後に連続にめっきをするときはそのまま無電解銅めっきの工程に入ります。

　これから説明する無電解銅めっき、電解銅めっきの工程では、前処理よりめっきをするまでに数多くの処理工程を経るので、これらのすべてが最適に行われていないと良好なめっきとはなりません。また、処理と処理の間では水洗を行いますが、このとき使用する水が不純物やかびのないきれいなものを使わないと、銅の表面が水洗で逆に汚されることがあるので、この点についても十分な注意が必要となります。

8.2 デスミア工程と樹脂表面の処理

　スルーホールで接続する両面板、多層板は銅張積層板を用い、導通のための穴あけをすると、穴あけ時の摩擦により熱が発生します。この熱で樹脂が溶融・フローし、銅箔の上に付着し、冷却、固化すると樹脂スミアとなります。穴あけの条件でかなり減少させることができますが、それでも銅箔端面には薄い膜となって残ります。最近はスミアを除去するデスミア工程が標準プロセスとして組み込まれるよう

```
パネル
│
├─ 樹脂膨潤処理
│   （コンディショナ）
│
├─ 水 洗
│
├─ デスミア
│
├─ 水 洗
│
├─ 中 和
│
├─ 水 洗
│
└─ デスミア完了品
    ↓
無電解銅めっき工程へ
```

用語ミニ解説

デマケーションライン：demarcation line
　境界という意味より、めっきの不連続となったときの境界に現れるライン。断面観察において、金属組織のエッチングを行うと現れる。例えば、無電解銅めっきと電解銅めっきの間、内層銅箔と無電解銅めっきの間、電流の中断した銅めっきの間などに現れる。何れも金属面に新たなめっきが始まるか、めっき作業が中断したときに発生する。この面に異物が付着するとラインがはっきりとしたものとなり、密着力が弱くなることがある。

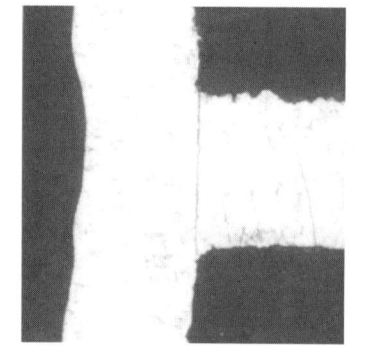

（a）デマケーションライン　　　　（b）樹脂スミア

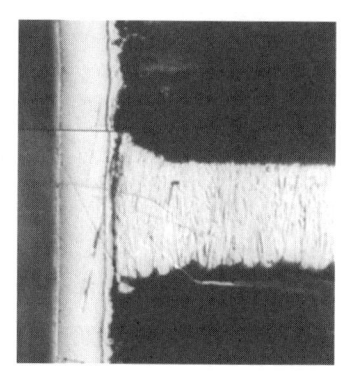

図8.3　スルーホールの断面

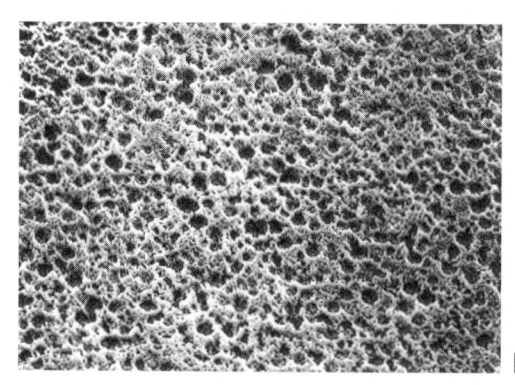

図8.4　粗化した絶縁層表面

になり、スミアによる接続不良の問題はなくなっています。しかしスミアの発生は少ないことが大切で、激しく発生したものはデスミアでも除去できないことがあります。

デスミアの工程を**図8.1**に示します。始めに樹脂を膨潤させるコンディショナ処理の後、アルカリ性過マンガン酸塩で処理すると樹脂が酸化溶解して、銅箔の端面が清浄な面となって露出します。デスミアの液組成を**表8.1**に示しました。**図8.2**にスミアの発生した面とデスミアを行ったときの面を示しました。この処理で、銅箔のまわりの樹脂も溶解されるので、処理は十分な注意を払っています。

図8.3はスルーホールの断面を示したもので、デマケーションラインは電流が中断した銅めっき間に起こるもので、正常なものですが、スミアは銅箔とめっきの間に樹脂が入ったもので、接続不良になることもあります。

ビルドアッププロセスで樹脂の上にめっきをする場合、めっきの密着性を大きくするために、**図8.4**のように樹脂面を粗面化して、アンカー効果という錨を下ろしたようにしています。この粗化は組成、条件は異なりますが、デスミアと同じ処理法で行っています。樹脂層を用いるビルドアップ法に用いられています。

このデスミア処理は単独で処理する場合と、その後の無電解銅めっき工程と連結して処理するものとがあります。電解銅めっき装置と連結することもあり、いずれも自動装置化されています。

デスミアの処理は、絶縁材料の種類やその組成、膨潤剤の種類、濃度、温度、過マンガン酸カリ溶液の濃度、温度、処理時間などによって変化するので十分な管理が必要です。このような処理をした後、十分な水洗を行い、乾燥して、次工程に送られます。

表8.1 デスミア処理液の組成

	アルカリ性 過マンガン酸塩法
プロセス 浴組成 処理条件	湿式 過マンガン酸塩　40〜80g/ℓ 温度　50〜80℃ 時間　5〜20min.

用語ミニ解説

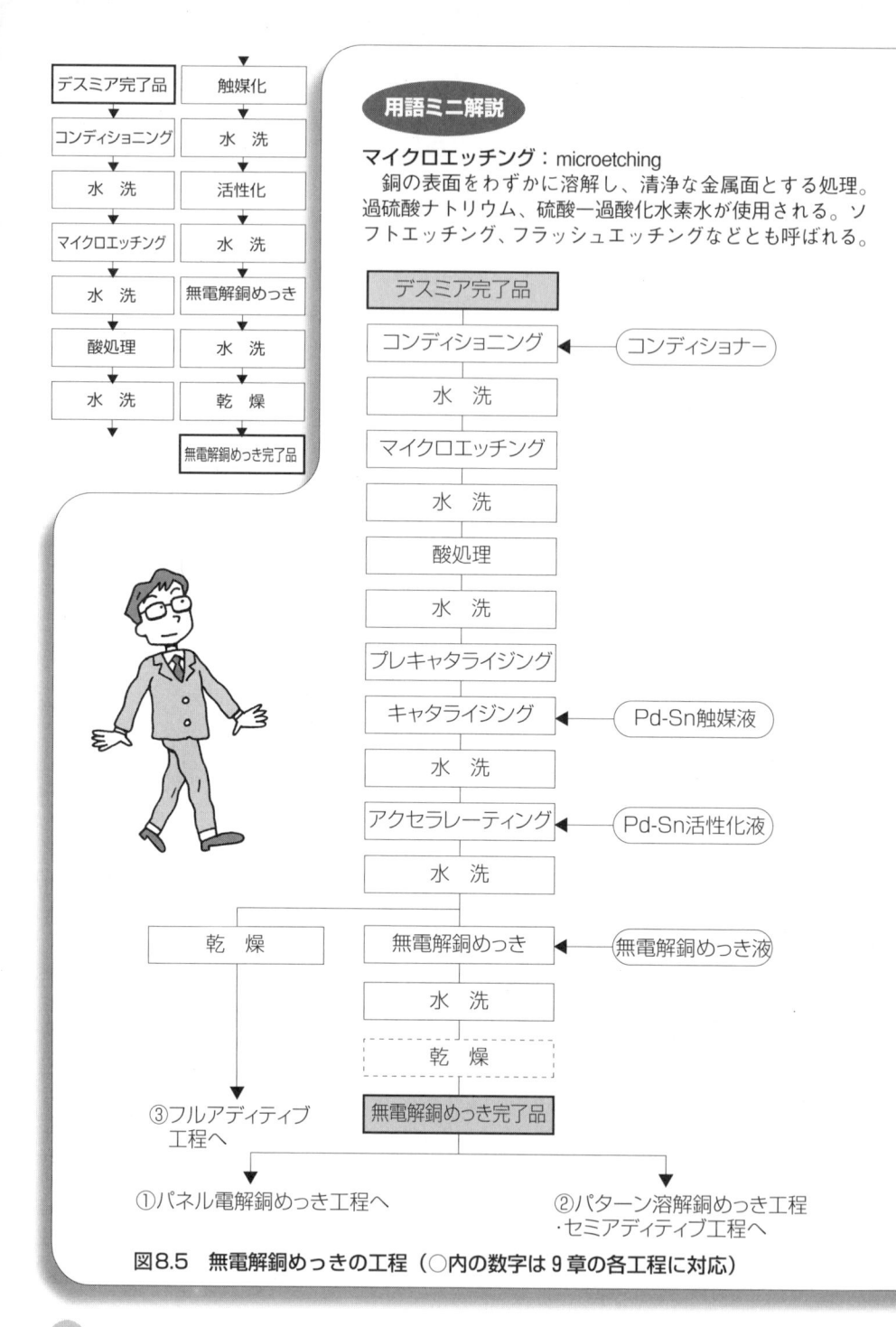

マイクロエッチング：microetching
　銅の表面をわずかに溶解し、清浄な金属面とする処理。過硫酸ナトリウム、硫酸一過酸化水素水が使用される。ソフトエッチング、フラッシュエッチングなどとも呼ばれる。

```
デスミア完了品 → 触媒化
       ↓           ↓
コンディショニング  水　洗
       ↓           ↓
    水　洗       活性化
       ↓           ↓
マイクロエッチング  水　洗
       ↓           ↓
    水　洗     無電解銅めっき
       ↓           ↓
    酸処理       水　洗
       ↓           ↓
    水　洗       乾　燥
                   ↓
            無電解銅めっき完了品
```

工程フロー：

- デスミア完了品
- コンディショニング ← コンディショナー
- 水　洗
- マイクロエッチング
- 水　洗
- 酸処理
- 水　洗
- プレキャタライジング
- キャタライジング ← Pd-Sn触媒液
- 水　洗
- アクセラレーティング ← Pd-Sn活性化液
- 水　洗
- 無電解銅めっき ← 無電解銅めっき液
- 水　洗
- 乾　燥
- 無電解銅めっき完了品

分岐：
- 乾　燥 → ③フルアディティブ工程へ
- ①パネル電解銅めっき工程へ
- ②パターン溶解銅めっき工程・セミアディティブ工程へ

図8.5　無電解銅めっきの工程（○内の数字は9章の各工程に対応）

8.3 無電解銅めっき工程

　両面プリント配線板、多層プリント配線板の層間の導体を接続する立体的な接続をするためには穴内の絶縁体表面を電気的に導通するようにしなければなりません。このために絶縁体面に無電解銅めっきで銅金属を析出させる方法が長い間用いられてきました。穴を導通することをスルーホールといい、めっきで導通をとることをめっきスルーホールといいます。

　穴あけを行い、樹脂スミアを除去したものに無電解銅めっきをするためには、樹脂表面を整面、調整し、触媒を吸着させることにより、無電解銅めっき液より銅を析出させることができます。その工程を図8.5に示しました。図8.6は無電解銅めっきの析出機構を示したもので、以下、これについて説明します。

8.3.1　コンディショニングとマイクロエッチング

　無電解銅めっきを行うためにはその前にいくつかの処理が必要です。

　始めは穴の中に気泡がトラップすると処理液が入らないのでこれを排除した後、コンディショニングにおいて界面活性剤で穴内の樹脂表面とガラス表面を触媒吸着を容易にし、処理液が濡れやすくします。最近のプリント配線板は穴が小さく、板厚が大きいものがあるので、十分注意してこの処理を行います。

　製造パネルはコンディショニング液に一定時間浸せきします。その後、水洗は十分に行います。この後の各種の処理でも処理後は一部を除いて水洗は必ず行うので、説明の上では省略しています。

　図8.6のようにコンディショニング処理で樹脂、ガラスとともに銅箔端面にも界面活性剤が吸着します。しかし、銅箔上に活性剤が吸着し、銅の面を塞ぐと密着性のある無電解銅めっきは得られなくなるので、銅を過硫酸塩または硫酸—過酸化水素混液などによるマイクロエッチングと硫酸での酸洗いを行い、銅箔端面をわずかに溶解して銅の清浄な面を露出させます。

<溶液浸せき時>

製造パネル	パネル
内層銅箔	
エポキシ樹脂	
ガラス表面 Si₂O₃ O-H⁻ / O-H⁻	溶液

①コンディショニング

内層銅箔 / エポキシ樹脂 / ガラス表面

コンディショナ分子の吸着

②マイクロエッチング液

内層銅箔 / エポキシ樹脂 / ガラス表面

銅箔面のコンディショナは除去される

③キャタライジング（触媒化）

内層銅箔 / エポキシ樹脂 / ガラス表面

◎: Sn
パラジューム-錫錯塩（Pd・Sn、Cl⁻）

④アクセラレーティング

内層銅箔 / エポキシ樹脂 / ガラス表面

○: Pd
パラジューム吸着粒子

⑤無電解銅めっき

内層銅箔 / エポキシ樹脂 / ガラス表面

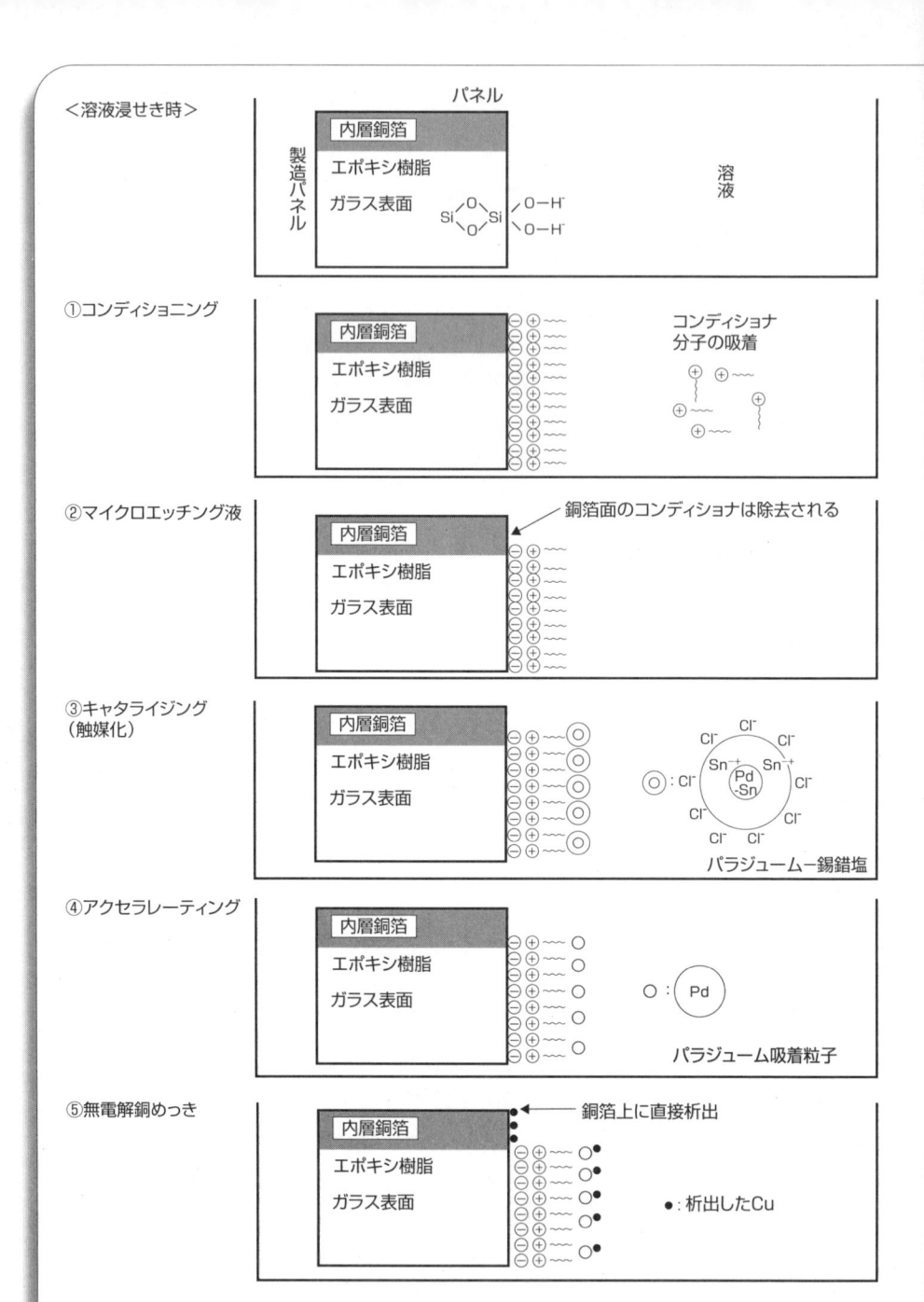

銅箔上に直接析出
●: 析出したCu

図8.6　無電解銅めっきの析出の機構の模式図

8.3.2　キャタライジングとアクセラレーティング

　キャタライジングでは、錫ーパラジュームの錯塩（またはコロイド）を含む溶液で、キャタライジング液に浸せきし、無電解銅めっきを開始させる触媒を吸着させます。このキャタライジング液を安定化させるために、直前にプレキャタライジングの液に浸せきし、表面をパラジュームー錫の錯塩の吸着しやすいようにします。したがって、この処理後は水洗せず、すぐにキャタライジング処理を行います。

　キャタライジング液はパラジュームー錫の錯化合物よりなり、この液に浸せきすることで、錫ーパラジュームが穴内やパネル表面に吸着してきます。次に、パラジュームー錫として析出したものをパラジュームー錫の金属状態の吸着粒子とするためアクセラレーティングとして、錯化合物の不要な部分を除去するアクセラレータの液に浸せきします。これによりパラジュームを触媒としての能力を発揮させるよう活性化し、無電解銅めっきを円滑に行うことができます。アクセラレータは強酸性の溶液です。

8.3.3　無電解銅めっき

　このようにして製造パネルの表面と穴内の樹脂、ガラス、銅箔の面の調整された製造パネルを無電解銅めっきの浴に浸せきすると全面に銅が析出し、穴内が導通化されます。一般に用いられている無電解銅めっき液は絶縁体表面に吸着したパラジュームを触媒核に、ホルムアルデヒドで還元して析出させるものです。パラジュームは本質的に吸着のみの力でついているので、密着性は弱いものです。したがって、銅の上にあるコンディショナをマイクロエッチングで除去して、銅面を露出させて、ここで銅は局部的な電池を構成し、電気化学的に銅が析出するので、密着性も大きくなります。

　コンディショナの吸着性の強いものはマイクロエッチングで除去されずに残り、銅の上のパラジウムの吸着量が大きくなるので、析出銅の密着性が低下することが考えられます。

　無電解銅めっきの浴組性は、
- ・還元されて銅となる銅イオンを含む$CuSO_4$などの銅塩
- ・銅イオンを還元するHCHOなどの還元剤
- ・銅イオンを安定にするEDTAやロッシェル塩などのキレート剤
- ・めっきを安定に進行させるためのポリエチレングリコール、ビピリジルなどの添加剤

```
デスミア完了品 → 触媒化
    ↓              ↓
コンディショニング   水 洗
    ↓              ↓
   水 洗          活性化
    ↓              ↓
マイクロエッチング   水 洗
    ↓              ↓
   水 洗        無電解銅めっき
    ↓              ↓
   酸処理          水 洗
    ↓              ↓
   水 洗          乾 燥
                   ↓
              無電解銅めっき完了品
```

表8.2 無電解銅めっきの組成の例

CuO	0.031 mol/ℓ
EDTA・4H	0.252 mol/ℓ
p-HCHO	0.200 mol/ℓ
pH(25℃)	12.5
2.2'-bipyridil	10 mg/ℓ
PEG-1000	100 mg/ℓ
Temperature	60℃
Load Factor	1.5dm²/ℓ
撹拌	カソードロッキング

・NaOH, KOHなどの溶液のpHの調整剤

などにより構成されています。EDTAをキレート剤にした無電解銅めっきの組成の例を**表8.2**に示しました。

無電解銅めっきの全体の化学反応は

$$(Cu\text{-}Y)^{2+} + 2HCHO + 4OH^- \rightarrow Cu^0 + 2HCOO^- + H_2 + 2H_2O + Y \quad (Y:錯化剤)$$

です。この反応はPdを触媒として反応が始まります。銅が穴内の表面に析出し、PdがCuで覆われても析出した銅が触媒となって無電解銅めっき反応は進行して行きます。めっきは温度約50℃程度の液に浸せきし緩い撹拌と、ろ過を行いながら行います。時間は約20分程度です。

このとき、無電解めっきとしては好ましくない副反応が同時に進行することがあります。

$$2CHO + OH^- \rightarrow CH_3OH + HCOO^-$$
$$2(Cu\text{-}Y)^{2+} + HCHO + 5OH \rightarrow Cu_2O + HCOO^- + 3H_2O + Y$$
$$Cu_2O + H_2O \rightleftharpoons Cu^0 + Cu^{2+} + 2OH^-$$

$$Cu_2O + 2HCHO + 2OH^- \rightarrow 2CuO + 2HCOO^- + H_2O + 2H_{ads}$$

　この副反応は、銅の析出に無関係で有害なものなので、極力抑えるように組成や条件を設定しています。

　無電解銅めっきでは銅が析出するに従い、還元剤も消費され、反応性生物が蓄積してきます。銅イオンと還元剤を供給しながら、pHや温度、安定剤を調整して副反応を抑制しています。酸化第1銅（Cu_2O）の生成は液分解の要因になり、これは緩い空気撹拌を行って防止しています。それでも、ギ酸イオン（$HCOO^-$）や硫酸イオン（SO_4^{2-}）の蓄積があり、液は次第に劣化していくので、使用回数を決め交換することになります。

　無電解銅めっきは$0.3\sim0.5\mu m$のように薄く付ける場合と、$2\sim3\mu m$のように厚くする場合があります。薄い場合にはキレート剤としてロッシェル塩を用い、厚く付ける場合にはEDTAを用いています。EDTAを用いるほうが安定ですが、コストが高くなるので、薄付けの場合には用いていません。

　無電解銅めっきは、まとめて行うときはステンレスの筺に入れてめっきをします。無電解銅めっきと電解銅めっきを連続して行うときはパネルをめっき治具に取り付け、キャリアで移動する方式、垂直にパネルを送り連続してめっきする方式、水平にコンベアで移動させる方式などがあります。

　無電解銅めっきの終わった後は電解銅めっきの方法により取り扱いが変わります。銅めっきされた製造パネルは水で十分に洗浄します。このまま電解銅めっきを行うときは乾燥せずにめっきに進みますが、処理の都合や、別のめっき装置を用いるときは一度乾燥し、清浄な状態で保管します。乾燥すると穴内に気泡が入り、銅の表面が酸化し変色することを防止するために、保管液に浸せきしておくこともあります。

　次章で説明するように、パネルめっきをする場合には乾燥させずにそのまま電解銅めっきをしています。パターンめっき法やセミアディティブ法を行う場合には乾燥して、めっきレジスト形成の工程に送られます。フルアディティブ法を用いる場合に限り、アクセラレータの完了後、めっきレジストの形成工程に送ります。

　図8.5の番号は次章の外層パターン作成工程への進める位置を示してあります。

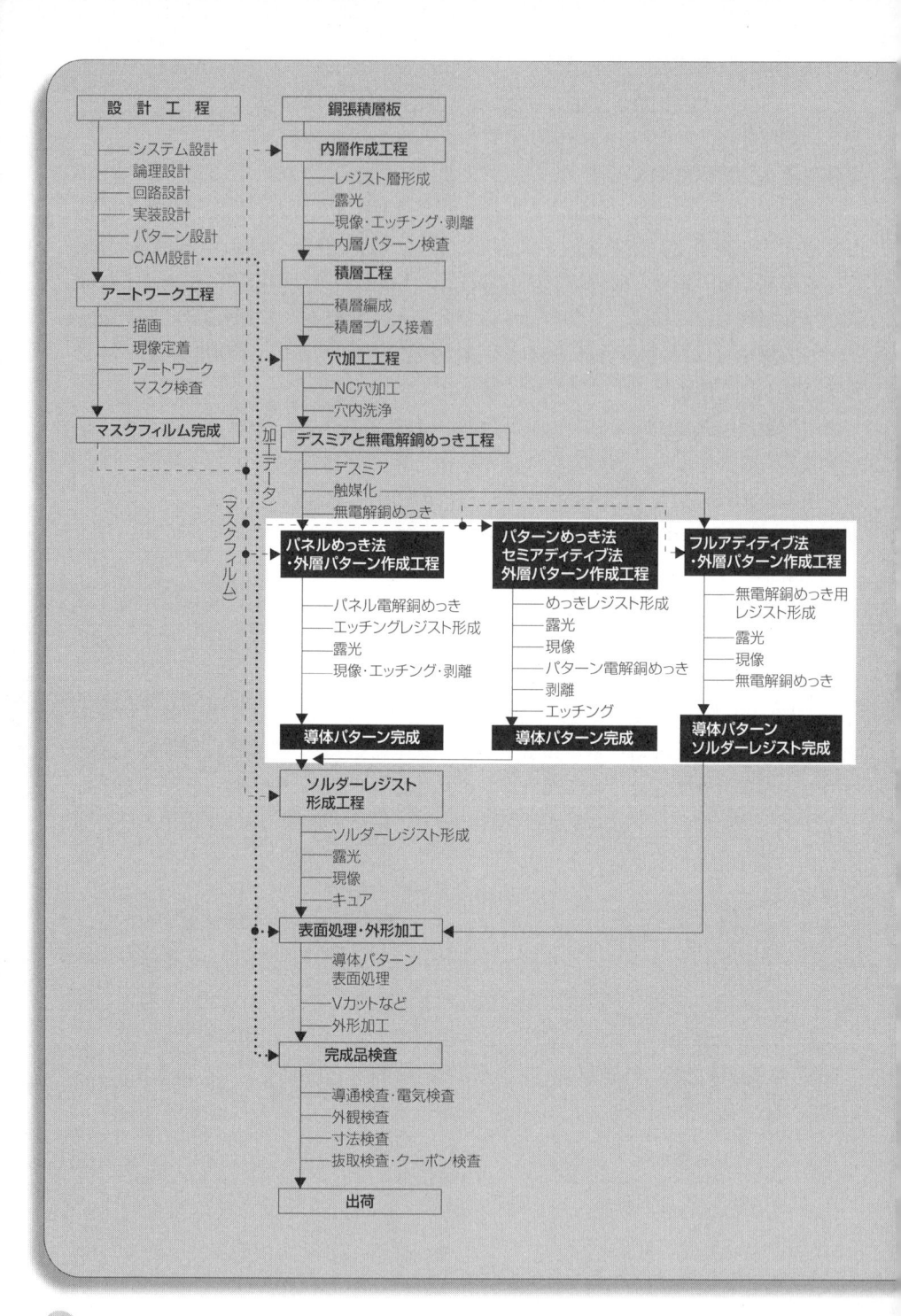

```
┌─────────────────┐         ┌─────────────────┐
│   設 計 工 程    │         │   銅張積層板    │
└─────────────────┘         └─────────────────┘
   ├─ システム設計              ↓
   ├─ 論理設計              ┌─────────────────┐
   ├─ 回路設計              │   内層作成工程   │
   ├─ 実装設計              └─────────────────┘
   ├─ パターン設計             ├─ レジスト層形成
   └─ CAM設計                  ├─ 露光
                               ├─ 現像・エッチング・剥離
┌─────────────────┐            └─ 内層パターン検査
│ アートワーク工程 │              ↓
└─────────────────┘         ┌─────────────────┐
   ├─ 描画                  │   積層工程      │
   ├─ 現像定着              └─────────────────┘
   ├─ アートワーク             ├─ 積層編成
   └─ マスク検査               └─ 積層プレス接着
                                  ↓
┌─────────────────┐         ┌─────────────────┐
│ マスクフィルム完成│         │   穴加工工程    │
└─────────────────┘         └─────────────────┘
                               ├─ NC穴加工
                               └─ 穴内洗浄
                                  ↓
                            ┌─────────────────────────┐
                            │ デスミアと無電解銅めっき工程 │
                            └─────────────────────────┘
                               ├─ デスミア
                               ├─ 触媒化
                               └─ 無電解銅めっき
```

パネルめっき法
・外層パターン作成工程
- パネル電解銅めっき
- エッチングレジスト形成
- 露光
- 現像・エッチング・剥離

→ 導体パターン完成

パターンめっき法 セミアディティブ法
外層パターン作成工程
- めっきレジスト形成
- 露光
- 現像
- パターン電解銅めっき
- 剥離
- エッチング

→ 導体パターン完成

フルアディティブ法
・外層パターン作成工程
- 無電解銅めっき用レジスト形成
- 露光
- 現像
- 無電解銅めっき

→ 導体パターン ソルダーレジスト完成

```
┌─────────────────┐
│  ソルダーレジスト │
│   形成工程       │
└─────────────────┘
   ├─ ソルダーレジスト形成
   ├─ 露光
   ├─ 現像
   └─ キュア
      ↓
┌─────────────────┐
│  表面処理・外形加工 │
└─────────────────┘
   ├─ 導体パターン
   │  表面処理
   ├─ Vカットなど
   └─ 外形加工
      ↓
┌─────────────────┐
│   完成品検査     │
└─────────────────┘
   ├─ 導通検査・電気検査
   ├─ 外観検査
   ├─ 寸法検査
   └─ 抜取検査・クーポン検査
      ↓
┌─────────────────┐
│     出荷        │
└─────────────────┘
```

第9章 電解銅めっきと外層パターン作成工程

9.1 外層パターンの電解銅めっき

　めっきスルーホール法による両面プリント配線板、多層プリント配線板では、無電解銅めっきの完了後、外層導体パターンの形成はフルアディティブ法を除き電解銅めっきにより行います。フルアディティブ法はすべて無電解銅めっきでパターンを形成します。

　このめっきを行うとき、パネルの外層の導体パターン形成のめっきと立体接続のスルーホールめっきとが同時に行われます。この外層のパターン形成法にはサブトラクティブ法とアディティブ法のプロセスがあり、次のように分類されます。

　サブトラクティブ法：銅箔を持つ絶縁材料を用い、その上に導体を形成する方法
　　・パネルめっき法
　　・パターンめっき法
　アディティブ法：銅箔を持たず絶縁層の上に導体を形成する方法
　　・セミアディティブ法
　　・フルアディティブ法
　　・パネルフルアディティブ法
の通りです。

- 無電解銅めっき完了品
  - パネル電解銅めっき
  - パネル銅めっき完了品
  - 液状エッチング
    レジストコーティング
  - 露光
  - 現像
  - エッチング
  - エッチングレジスト剥離
  - めっき導体パターン
    完成品
- ソルダーレジスト工程へ

用語ミニ解説

電解銅めっき copper electroplating：陽極にめっきする材料の銅を接続し、陰極に被めっき品を接続して、めっき液に浸せきし、両極間に直流の電圧を印加して電流を流し、陰極の露出している金属部分に銅を析出させるめっき。プリント配線板のパネルの全面めっき、導体部のパターンやスルーホールの導体形成に使われている。電気銅めっきともいう。

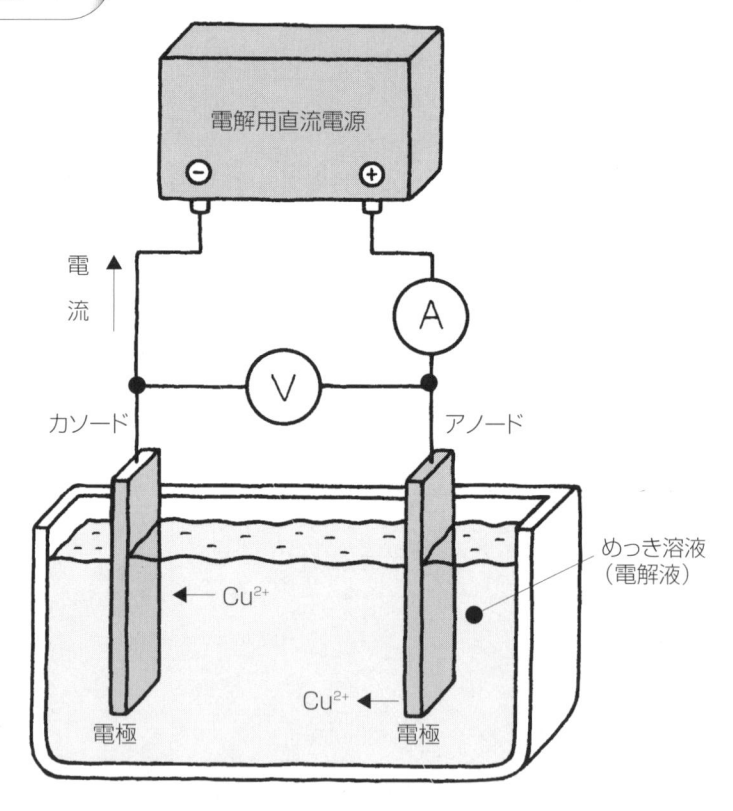

図9.1　電解めっきの模式図

9.2 めっきの基礎

9.2.1 めっきの基礎

　めっきとは、電気化学的に溶液中の金属イオンを陰極に金属として析出させる方法です。電気めっきでは図9.1のように電解質を溶解しためっき液中に電極を挿入し、電流を流すと陰極（カソード）に金属が析出します。銅めっきにおいては硫酸銅を主成分とした溶液で、この電解質液中では次のように解離しています。

　　　$CuSO_4 \rightarrow Cu^{2+} + SO_4^{2-}$

　電流を流すと
陰極（カソード）では 2 個の電子を得て

　　　$Cu^{2+} + 2e^- \rightarrow Cu^0$ (Metal)

のように金属として電極上に析出します。
陽極（アノード）では 2 個の電子を放出し、

　　　$Cu^0 \rightarrow Cu^{2+} + 2e^-$

の反応により銅電極より銅イオンとして溶け出します。

　陰極での析出量は、ファラデーの法則により流れた電流と時間の積で決まります。全ての電流が金属の析出に寄与することを電流効率が100％と言います。ほかの反応が進行すると電流効率はその分だけ低下しますので、この効率を向上するようにめっき浴とその条件を調整しています。

9.2.2 電解銅めっき

　多層プリント配線板では、フルアディティブ法を除き前工程で行った無電解銅めっきは導通性や強度の点で必要な導体厚とはなっていません。必要な導体の厚さとするために電解銅めっきを行います。この電解銅めっきの物性と密着性は、プリント配線板の信頼性に直接関係するので、めっき工程は大変重要なものとなります。

　電解銅めっきで析出しためっき層に求められる特性は、抗張力、伸び、結晶の均一性、均一電着性などで、しかも、めっきの生産効率を考えますと、めっきの電着速度が大きいことが大切です。　電解銅めっきの種類には数種のものがありますが、

```
無電解銅めっき完了品
├ パネル電解銅めっき
├ パネル銅めっき完了品
├ 液状エッチング
│ レジストコーティング
├ 露光
├ 現像
├ エッチング
├ エッチングレジスト剥離
├ めっき導体パターン
│ 完成品
↓
ソルダーレジスト工程へ
```

表9.1 酸性硫酸銅めっき浴の組成と条件の例

項 目	浴 (a)	浴 (b)
硫酸銅	41.5〜52.5g/ℓ	82〜135g/ℓ
硫酸	180〜225g/ℓ	187〜262g/ℓ
塩素イオン	45〜60ppm	40〜80ppm
金属銅含量	16.5〜21.0g/ℓ	
添加剤	適量	適量
温度	22〜30℃	24〜43℃
電流密度	2.2〜3.2A/dm^2	5.4〜22A/dm^2
撹拌	空気撹拌	急速液流

```
無電解銅めっき完了品
    ↓
   酸洗
    ↓
   水洗
    ↓
  電解銅めっき
    ↓
  ドラッグアウト
    ↓
   水洗
    ↓
   乾燥
    ↓
  めっき完了品
    ↓
   次工程へ
```

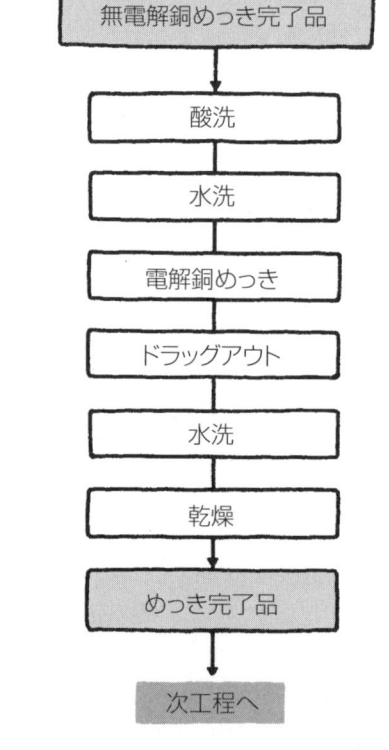

図9.2 電解銅めっき工程

現在使われているのは酸性硫酸銅浴で、その工程を図9.2に示します。後述するように、無電解銅めっきの完了したものやめっきレジストパターンを形成したもので電解銅めっきを行う順序が異なりますが、いずれにしても始めに表面の酸化物を除去するために硫酸による酸洗を行い、水洗後に電解銅めっきを行います。所定の厚さになるまで電流を流してめっきを行い、めっき後付着しためっき液を回収するためにドラッグアウト槽にディップします。その後に水洗、乾燥をします。

めっき浴の組成の例を表9.1に示します。めっき浴は均一電着性、高速性、などで(a), (b)浴など数種の組成のものがあり、特性に応じて使用しています。

電解銅めっきに使われる装置は少量の開発品は手動で行われますが、量が多い場合、自動めっき装置を使用します。装置には次の3種の方式があります。

(1) キャリア移動方式

このキャリア移動方式がもっとも一般的で、ラックにかけられた製造パネルをキャリアによって処理槽間を移動してめっきを行うものです。電解めっきは個々のめっき槽に陽極をおき、その中央にパネルを置いてめっきをします。撹拌は、一般的には空気撹拌によって行います。小径内のめっきを確実にするために、撹拌を強くするばかりでなく、ノズルによる強制液流を作ることがあります。

(2) プッシュバー方式

プッシュバー方式は縦に掛けたパネルをプッシュバーによりめっき漕中を間欠的に移動させ、漕を出るまでにめっきが完了する方式です。製造パネルがめっき槽のすべての所を通過しますので、均一性が良好になります。

(3) 水平方式

水平方式は、エッチングなどの方法と同じようにパネルを水平に移動させるものです。水平型は製造パネルと陰極の接続を装置内部で行います。液に近いところで接続するので、その機構は複雑になります。

一般にめっき液は非常に長く使用され、ほとんど交換はしません。そのためにめっき液の管理がたいへん重要になります。組成の成分濃度、温度、pHなどを指定の通りに設定し、稼働中は一定間隔で測定して、薬剤により調整を行い、常に正常な状態に保つように管理しています。液中に微細な粒子があると、析出めっきに凹

- 無電解銅めっき完了品
  - パネル電解銅めっき
  - パネル銅めっき完了品
  - 液状エッチングレジストコーティング
  - 露光
  - 現像
  - エッチング
  - エッチングレジスト剥離
  - めっき導体パターン完成品
- ソルダーレジスト工程へ

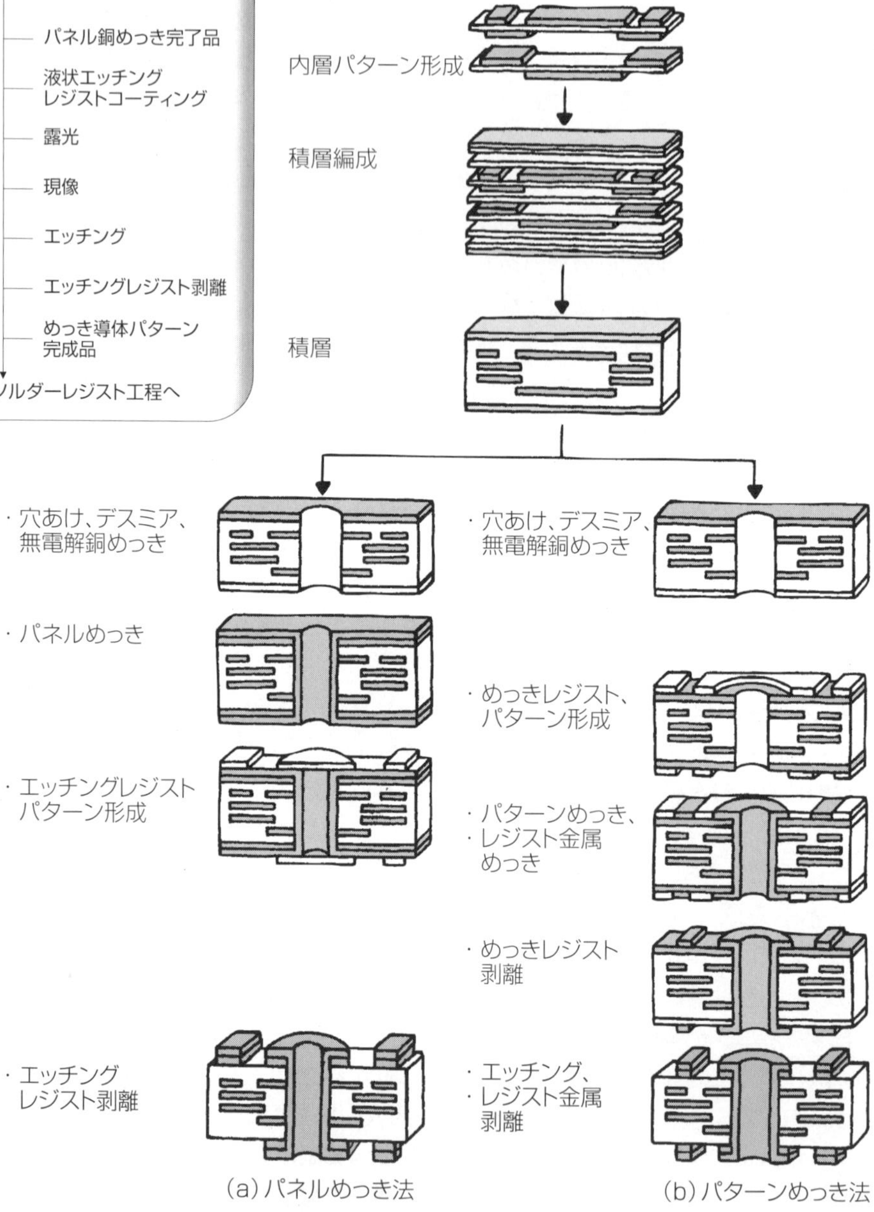

内層パターン形成

積層編成

積層

・穴あけ、デスミア、無電解銅めっき

・パネルめっき

・エッチングレジストパターン形成

・エッチングレジスト剥離

・穴あけ、デスミア、無電解銅めっき

・めっきレジスト、パターン形成

・パターンめっき、・レジスト金属めっき

・めっきレジスト剥離

・エッチング、・レジスト金属剥離

(a) パネルめっき法　　(b) パターンめっき法

図9.3　サブトラクティブ法のプロセス

凸が付き、異常析出を起こすので、常時濾過を行っています。また、めっき液の再生のために定期的に活性炭処理を行います。この活性炭処理は、電解で生成した添加剤の分解物などを除去して、リフレッシュするために行うものです。

9.3 サブトラクティブ法

　サブトラクティブとは引き算と言う意味です。サブトラクティブ法は、プリント配線板の製作にあたり銅箔を持った積層板を用いることから、銅箔をエッチングで除去するという意味でこのようにいわれます。現在のプリント配線板は銅箔を持つ銅張積層板を用いており、また、ビルドアップ法においても樹脂付き銅箔が多く使われています。銅箔をエッチングで除去するという意味でサブトラクティブ法と呼ばれています。

　サブトラクティブ法による工程には、パネルめっき法とパターンめっき法があります。それを比較したのが図9.3です。

　内層作成から無電解銅めっきまでは同じ工程ですが、(a)のパネルめっき法では、無電解銅めっきの後すぐに製造パネル全面に電解銅めっきを行います。その後、内層工程と同じくフォトエッチング法で導体パターンを作成します。これに対し(b)のパターンめっき法は、無電解銅めっきを終了した後、めっきレジストのパターンを作成し、パターン部だけに電解銅めっきを行い、レジストを剥離後、エッチングして導体パターンを作成する方法です。

9.4 パネルめっき法と外層作成工程

　ここでは図9.4に示しましたパネルめっき法によるめっきと外層作成について説

（パネルめっき法）

無電解銅めっき完了品
― パネル電解銅めっき
― パネル銅めっき完了品
― エッチング、レジストコーティング、ラミネート
― 露光
― 現像
― エッチング
― エッチングレジスト剥離
― めっき導体パターン完成品

ソルダーレジスト工程へ

```
①無電解銅めっき完了品
   ↓
  酸洗
   ↓
  水洗
   ↓
 パネル電解銅めっき
   ↓
 ドラッグアウト
   ↓
  水洗
   ↓
  乾燥
   ↓
```

```
パネル銅めっき完了品
   ↓
 レジスト前処理
   ↓
  水洗
   ↓
  乾燥
   ↓
 ┌──┴──┐
穴埋め  （穴埋め）
 ↓        ↓
液状エッチング   ドライフィルムエッチング
レジストコーティング レジストラミネート
 └──┬──┘
   ↓
  露光 ← 外層マスクパターンフィルム ← アートワーク工程より
   ↓
  現像
   ↓
  水洗
   ↓
 エッチング
   ↓
  水洗
   ↓
 エッチングレジスト剥離
   ↓
  水洗
   ↓
  乾燥
   ↓
 導体パターン完成品
   ↓
ソルダーレジスト工程へ
```

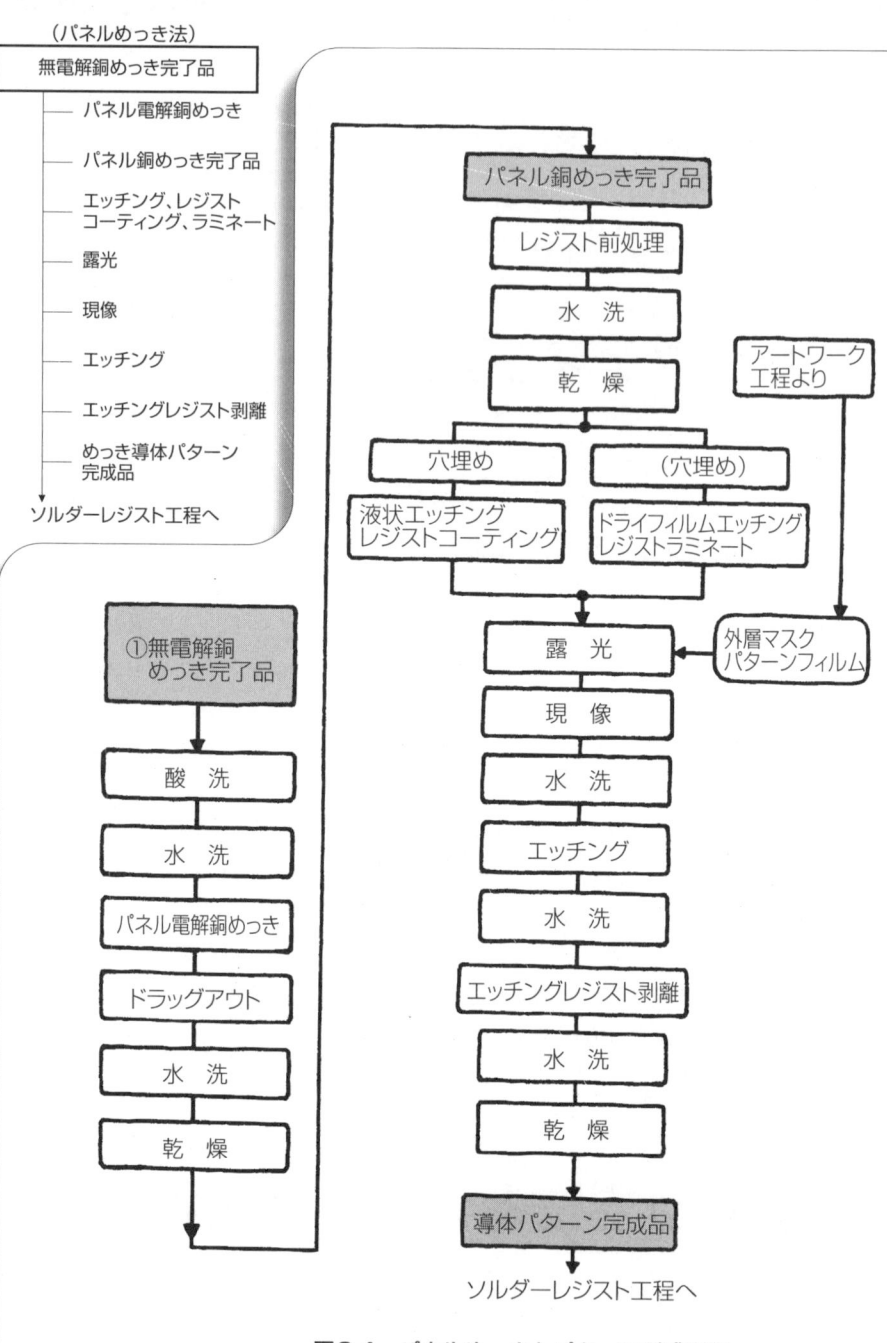

図9.4　パネルめっきとパターン形成工程

明します。この工程では、前章の無電解銅めっき後、続けて製造パネル全面電解銅めっきを行いその後にパターン作成を行います。

9.4.1 パネル電解銅めっき工程

　パネルめっき法は無電解銅めっき後、電解銅めっきをパネル全面にめっきする方法で、この後、エッチングレジストにより導体パターンをエッチングにより形成するものです。

　電解銅めっきを行う方法として、無電解銅めっきをステンレスの篭状のラックに入れて行い、この後、ラックを掛け替えて電解めっきを行う方法と、無電解銅めっきより1ラックとして、電解銅めっきまで連続で行う方法があります。水平めっきでは無電解銅めっきも水平ラインで行い、連続させている場合もあります。

　めっき後はドラッグアウト、水洗乾燥を行い、次のパターン作成工程に入ります。

9.4.2 導体パターン作成

　めっきの完了した製造パネルは、エッチングレジストのパターン形成のために前処理を行い、暗室（イエロールーム）に進めます。前処理は内層処理の5章で説明したように、機械研磨または化学処理により行います。水洗乾燥により清浄にされた製造パネルはエッチングレジストとして液状のもののコーティングまたはドライフィルムのラミネートをします。これにマスクフィルムを圧着し、紫外線で露光します。露光後はレジストに適合した現像液で現像を行います。エッチングパターンを形成した製造パネルはエッチング装置で銅箔をエッチングし、エッチングレジストを剥離、水洗、乾燥することにより導体パターンが完成します。

　これらの工程は内層のパターン作成工程と同じですが、外層においてはめっきスルーホールの穴があいていますので、この穴の中のめっきがエッチングされないように保護をします。液状レジストを用いるときは穴内にレジストが入ればいいのですが、完全ではないので、予め穴埋めインクで穴を埋め、その後レジストをコーティングします。ドライフィルムの場合にも穴埋めを行いますが、レジスト膜が十分な強度のある場合、穴埋めせずに穴にテントを張るようにして保護しています。これをテンテング法といいます。電着レジストの場合は導電面を完全にカバーするので、穴埋めは不要になります。

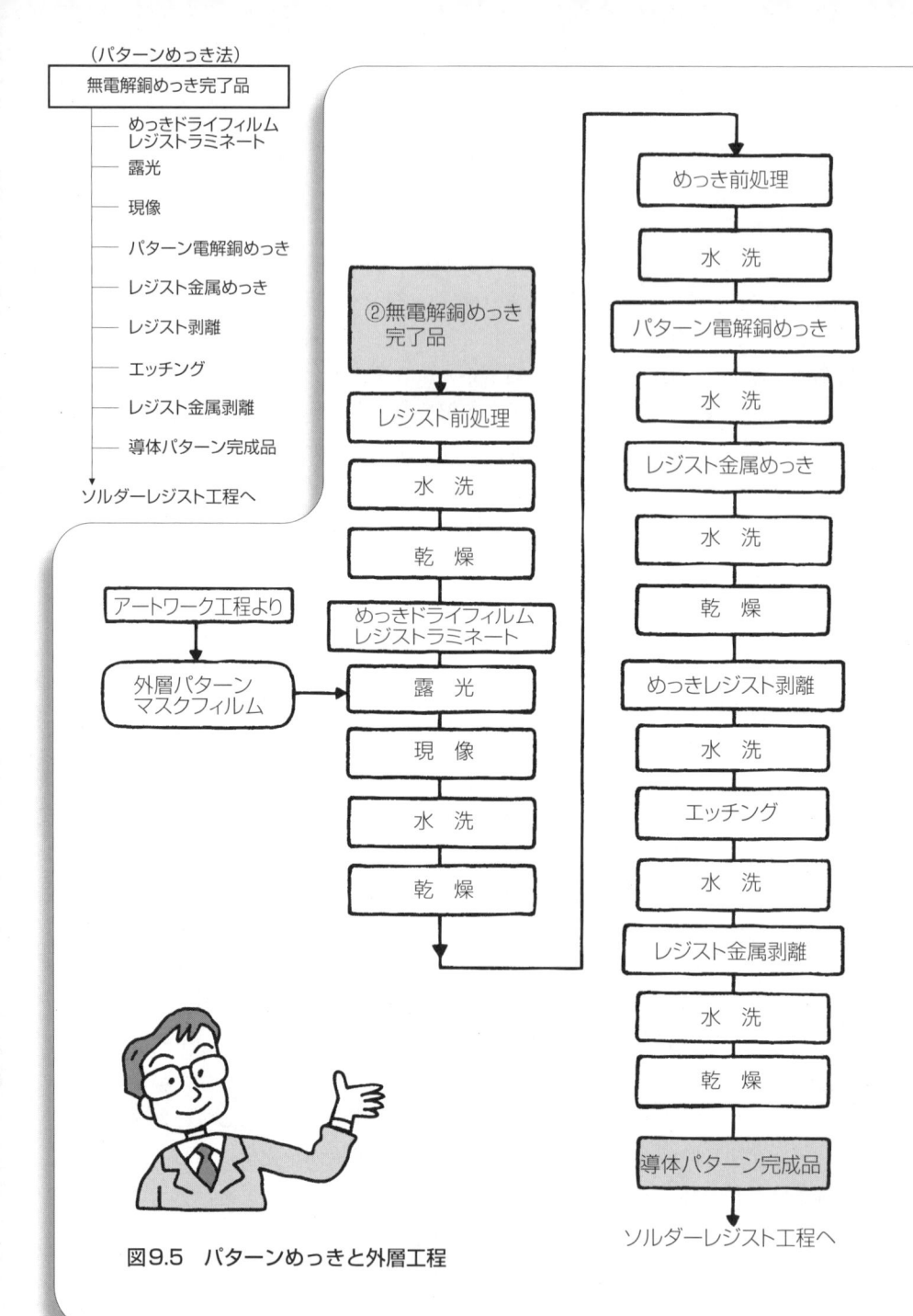

(パターンめっき法)

無電解銅めっき完了品
- めっきドライフィルムレジストラミネート
- 露光
- 現像
- パターン電解銅めっき
- レジスト金属めっき
- レジスト剥離
- エッチング
- レジスト金属剥離
- 導体パターン完成品

ソルダーレジスト工程へ

②無電解銅めっき完了品
↓
レジスト前処理
↓
水洗
↓
乾燥
↓

アートワーク工程より → 外層パターンマスクフィルム →

めっきドライフィルムレジストラミネート
↓
露光
↓
現像
↓
水洗
↓
乾燥
↓

めっき前処理
↓
水洗
↓
パターン電解銅めっき
↓
水洗
↓
レジスト金属めっき
↓
水洗
↓
乾燥
↓
めっきレジスト剥離
↓
水洗
↓
エッチング
↓
水洗
↓
レジスト金属剥離
↓
水洗
↓
乾燥
↓
導体パターン完成品
↓
ソルダーレジスト工程へ

図9.5　パターンめっきと外層工程

9.5 パターンめっき法と外層作成工程

サブトラクティブ法によるパターンめっき法の工程を図9.5に示します。この方法は無電解銅めっきの完了後、めっきレジストによるパターン作成工程に進み、その後、パターン部のめっき、エッチングを行います。

9.5.1 めっきレジストパターン作成

めっきレジストのパターンを作成にあたって、無電解銅めっきのめっき層は約$0.5\ \mu m$と薄いので、始めに行う製造パネルの表面の前処理は慎重に進めます。酸洗、水洗、乾燥を行い、イエロールーム内に入れ、めっきレジストをラミネートします。ここでは液状レジストは使用しません。それは、レジストの厚さがパターンとしてのめっき厚さより大きいことが必要となるからです。

レジストをラミネートした後マスクフィルムを密着させ、紫外線で露光し、現像を行います。このときのパターンはその後めっきをするため、エッチングパターンと異なり、パターン部が開口することになります。

レジストの現像後、水洗、乾燥を行い、めっきを行うセクションに進めます。

9.5.2 パターン電解銅めっきとエッチング

めっきレジストのパターンを持つ製造パネルは前処理後、電解銅めっきを行います。このときめっきはパターンの開口部のみにめっきされます。パターンが異なると面積に応じた電流の調整が必要となり、製造パネル上でパターンの偏りがあるとめっき厚の不揃いが発生します。したがって、パターンごとにめっき電流の調節を必要とします。

銅めっきの後、パターンめっきの銅を保護する耐エッチング性の錫または錫・鉛などのレジスト金属をめっきし、有機のめっきレジストを剥離後、パターン間の銅をエッチングします。この後、レジスト金属を剥離します。この後、水洗乾燥を行い、次の工程に進めます。

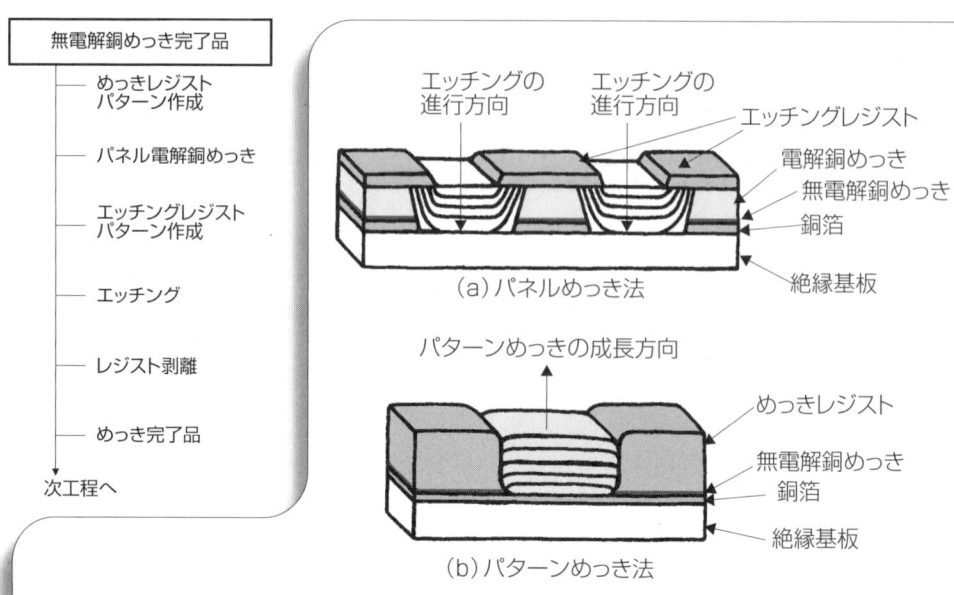

図9.6　パターンめっき法とパネルめっき法の比較

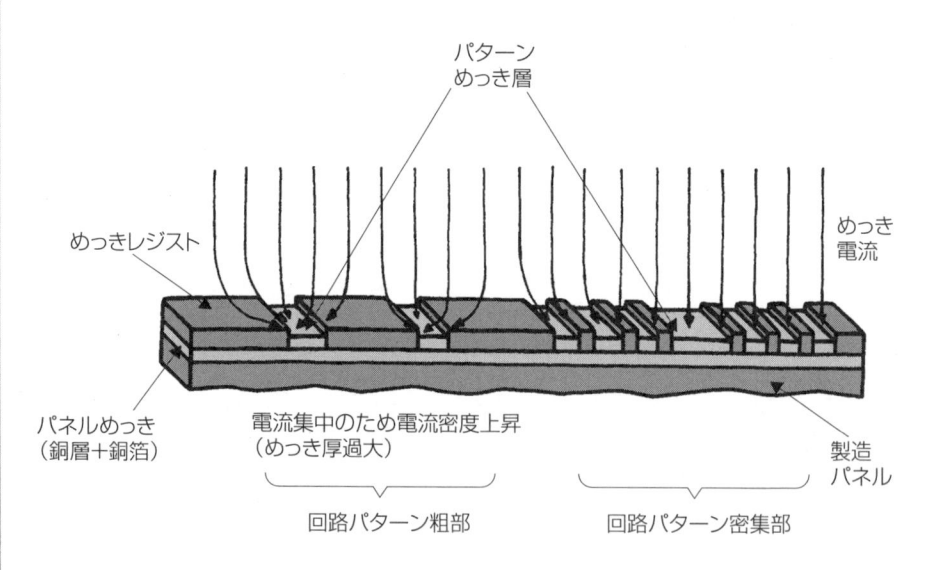

図9.7　パターンの粗密による電流分布

9.6 パネルめっき法とパターンめっき法の比較

図9.6においてパネルめっき法、パターンめっき法の利点、欠点を比較します。

9.6.1 パネルめっき法

図9.6(a)のごとく、無電解銅めっき後、製造パネル全面に電解銅めっきを行います。その後、エッチングレジストでエッチングパターンを作り、銅をエッチングして、導体パターンを作成します。めっきはパネル全面とスルーホール内に行いますので、めっき厚を均一にすることは比較的容易です。しかし、エッチングレジストでエッチングを行うとき、図のように、矢印で示した厚さの方向に激しくエッチング液を吹き付け銅を溶解しますが、エッチングは矢の方のばかりでなく、矢印に垂直なパネルの面方向にも進みます。したがって、エッチングレジストのパターンに忠実に仕上げるにはエッチングの時間を短くすることが必要で、ファイン化するためにエッチングする銅の厚さを小さくすることになります。実際に$10〜5\mu m$の厚さのもののエッチングでは精度を上げています。

9.6.2 パターンめっき法

図9.6(b)のごとく、無電解銅めっきを完了したものにめっきレジストパターンを形成し、このレジストのパターンに沿ってめっきを成長させます。したがって、めっきのパターン精度はレジストパターンの精度となります。この後、めっきレジストを剥離して露出しためっきを行わない銅の部分をエッチングします。

このパターンめっきでは、図9.7のようにパターンの形状の粗密によりめっき電流が変化し偏りが生じ、そのための対策が必要となります。パターンの粗のところには電流が集中し、めっき厚さが大きくなります。しかし、ファインパターンを作成するにはエッチングで導体パターンを作成するより精度の良いパターンを得ることができるので、これらの困難を克服して今後適用が多くなるものと思われます。レジスト剥離前に銅めっきの先端にエッチングに耐えるレジスト金属、例えば、錫または錫・鉛めっきを行い、めっきレジストを剥離しエッチングを行います。レジ

（パターンめっき法）

- 無電解銅めっき完了品
  - めっきドライフィルムレジストラミネート
  - 露光
  - 現像
  - パターン電解銅めっき
  - レジスト金属めっき
  - めっきレジスト剥離
  - レジスト金属剥離
  - 導体パターン完成品

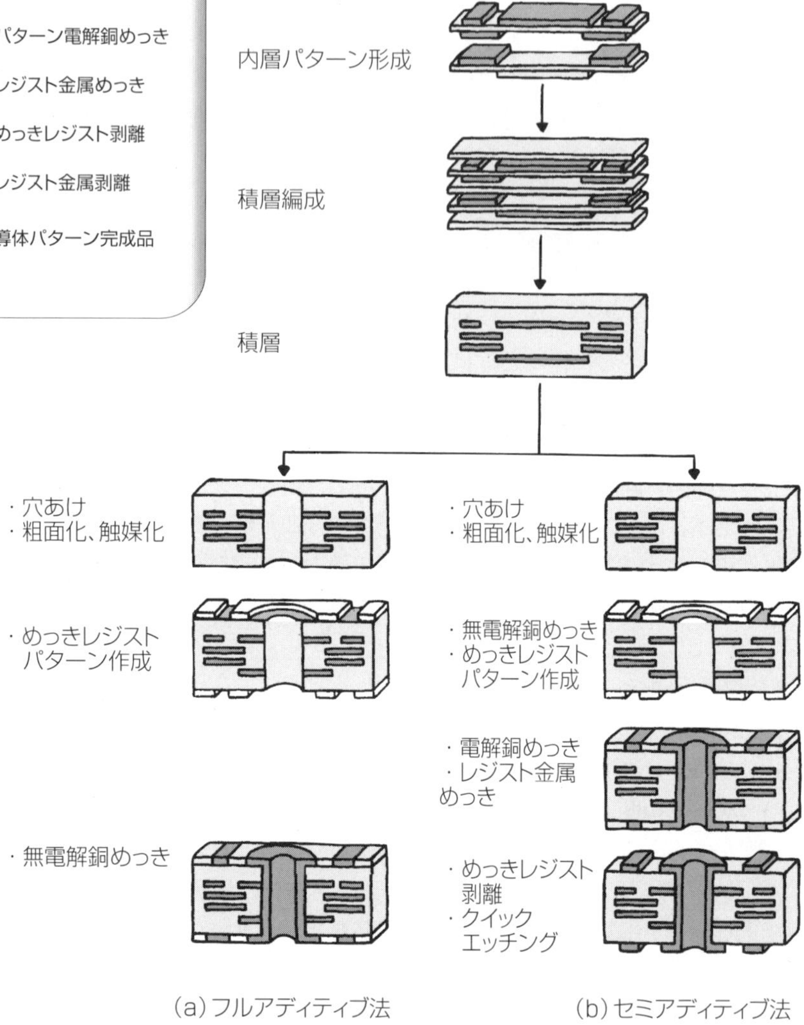

内層パターン形成

積層編成

積層

(a) フルアディティブ法

- ・穴あけ
- ・粗面化、触媒化

- ・めっきレジスト パターン作成

- ・無電解銅めっき

(b) セミアディティブ法

- ・穴あけ
- ・粗面化、触媒化

- ・無電解銅めっき
- ・めっきレジスト パターン作成

- ・電解銅めっき
- ・レジスト金属めっき

- ・めっきレジスト剥離
- ・クイックエッチング

図9.8 アディティブ法のプロセス

スト金属はエッチング量がわずかで、めっきパターンを侵食しないときは省くこともあります。

　レジスト剥離後に行うエッチングは銅箔の厚さ＋無電解銅めっきの厚さとなります。パネルめっきのエッチングより少ないエッチング量となりますので、精度は向上します。しかし、始めの銅箔の厚さが厚いとあまり精度は向上しません。そのため銅箔を薄くしたものを使用するようになってきました。通常の18〜12 μm 厚の銅箔を用いるときには、3 μm 程度にエッチングをしてから無電解銅めっきの工程にを進めるようにしています。しかし、銅箔を均一にエッチングするのは難しいところがあります。始めから3 μm 銅箔を用いる場合もあります。このエッチングする銅の量が少ないほど精度が上がるので、次節で説明する銅箔の無いセミアディティブ法によると精度の良いファインパターンを作成することができます。ここで注意することは、めっきで成長させる厚さはめっきレジストの厚さより小さいことが必要です。したがって、導体厚を大きくするときにはそれよりも厚いレジストを使うことが必要となります。

9.7 アディティブ法

　アディティブ法とは、導体パターンを加えていくという意味があり、絶縁体表面に導体パターンを積み上げることを表します。この方法を**図9.8**に示します。材料として銅箔を用いない絶縁材料を使いますが、内層より穴あけまではサブトラクティブ法と同じです。**図9.8(a)**のフルアディティブ法はパターンを無電解銅めっきのみで形成するアディティブ法で、これをフルアディティブ法といっています。これに対し、**図9.8(b)**のセミアディティブ法は無電解銅めっきの層を作った上に電解銅めっきを行って導体パターンを作成し、わずかの銅をエッチングするので完全なアディティブ法ではなく、セミアディティブ法といっています。このセミアディティブ法は銅箔がないだけで、サブトラクティブ法のパターンめっき法と同じです。

　さらに、無電解銅めっきの析出厚さが電解銅めっきの厚さのバラツキより優れているということで、全面に無電解銅めっきを行うものがあり、これをパネルアディ

（セミアディティブ法）

無電解銅めっき完了品
- めっきドライフィルムレジストラミネート
- 露光
- 現像
- パターン電解銅めっき
- レジスト金属めっき
- めっきレジスト剥離
- レジスト金属剥離
- 導体パターン完成品

② 無電解銅めっき完了品
↓
レジスト前処理 → 水洗 → 乾燥 → めっきドライフィルムレジストラミネート

アートワーク工程より → 外層パターンマスクフィルム → 露光 → 現像 → 水洗 → 乾燥

→ めっき前処理 → 水洗 → パターン電解銅めっき → 水洗 → レジスト金属めっき → 水洗 → 乾燥 → めっきレジスト剥離 → 水洗 → エッチング → 水洗 → レジスト金属剥離 → 水洗 → 乾燥 → 導体パターン完成品 → ソルダーレジスト工程へ

図9.9　セミアディティブ法の工程

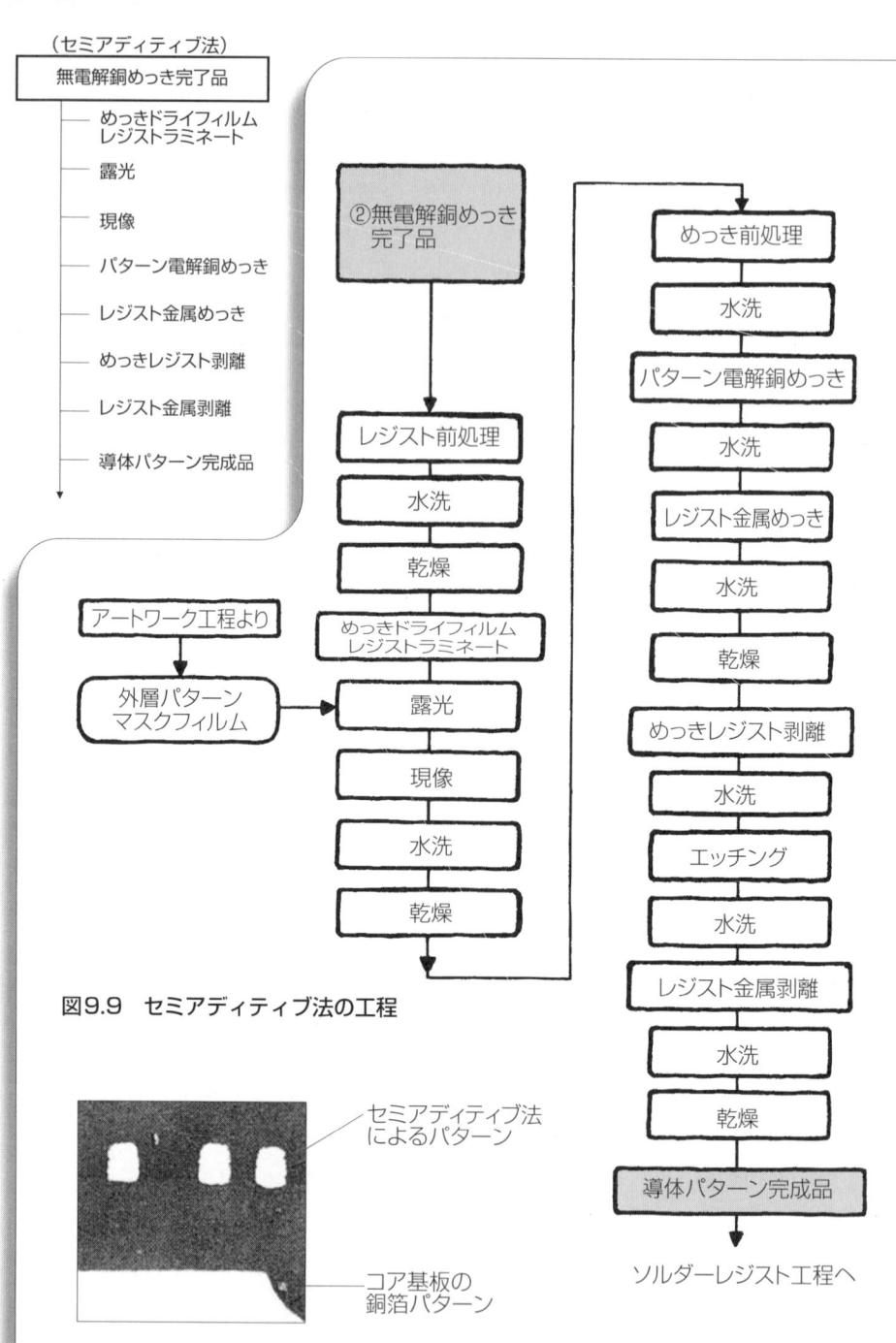

図9.10　セミアディティブ法の断面（パターン幅：12μm）

- セミアディティブ法によるパターン
- コア基板の銅箔パターン

ティブ法といっています。この場合には、サブトラクティブ法のパネルめっき法と同じです。

9.8 セミアディティブ法

セミアディティブ法の工程を**図9.9**に示します。絶縁材料にはサブトラクティブ法と違い、銅箔のないものを用います。通常の多層板ではこのような材料はほとんど使いませんが、ビルドアッププリント配線板で熱硬化性絶縁材料、感光性絶縁材料を絶縁層として用いるものは銅箔がないので、この工程が注目されています。このように材料が異なりますが、その後の工程はサブトラクティブのパターンめっき法と同じです。大きく異なるところは、樹脂の粗面化を確実に行い、めっきの密着性を向上させること、無電解銅めっきのめっき厚さは接続を確実にし、取り扱いを容易にするために2～3μmと、サブトラクティブ法の場合より厚くしています。このために、無電解銅めっきの液組成が異なってきます。

無電解銅めっきのプロセスで粗面化、厚付け無電解銅めっきを行ったところで、めっきレジストパターン形成工程に進みます。ここでは必要とするパターンのめっき厚より厚いめっき用ドライフィルムレジストを用います。現像後めっき工程に進め、電解銅めっきでパターン部に銅めっきを行い、さらに、レジスト金属をめっきし、剥離、エッチングを行います。

しかし、セミアディティブ法ではエッチングする銅の厚さが、約3μmと薄いので簡単にエッチングされますので、このレジスト金属を使わずエッチングすることがあります。これをクイックエッチング法と呼んでいます。後で剥離する必要がなくなるので、注意して行えば優れた方法です。

このようにしてプリント配線板の導体パターンは完成します。この工程ではめっきレジストでパターンの形状を決めてめっきをするので、**図9.10**のように精度の高いパターンを得ることができます。

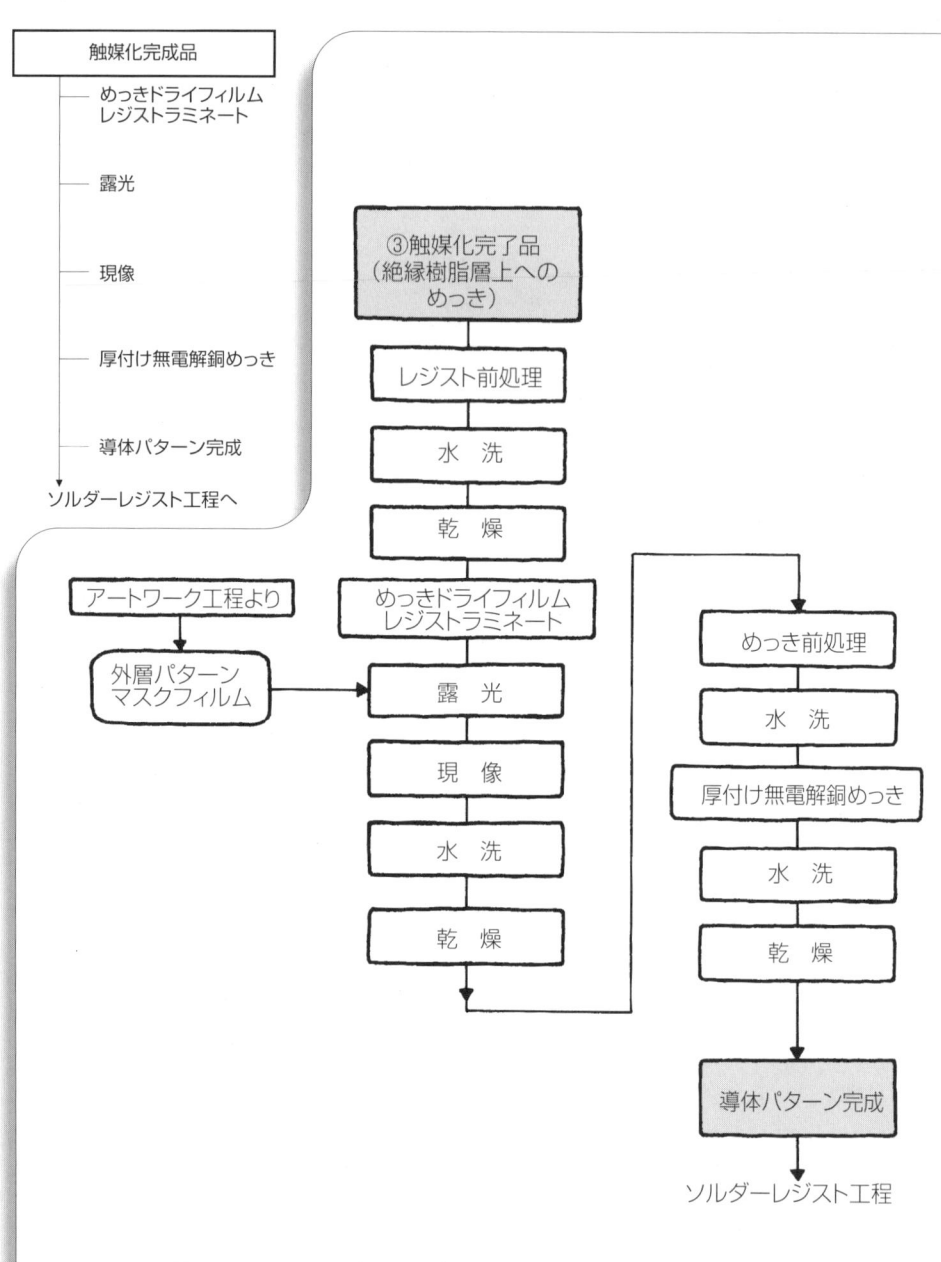

図9.11　フルアディティブ法の工程

9.9 フルアディティブ法

　フルアディティブ法の工程を**図9.11**に示しました。この工程は、無電解銅めっきのみで導体パターンを作成するので、電解銅めっきは使用しません。無電解銅めっきの工程で触媒化の終了したところでパターン作成工程に進めます。ここでめっきレジストのパターンを作成しますが、ここで用いるレジストは導体パターンとして必要とする厚さまでを無電解銅めっきで形成するので、めっき液に12時間以上の長い時間浸せきします。めっき液は強アルカリ性の液なので、これに耐える耐アルカリ性のレジストであることが求められます。しかも、このレジストはパターン完成後も剥離はせず、ソルダーレジストと同じように、プリント配線板として機器に使用されることになります。その間、次章のソルダーレジストと同じような特性がめっき完了後に求められます。

　めっきレジストパターンを形成した製造パネルは無電解銅めっき工程に進み、無電解銅めっき液に必要な厚さとなるまで浸せきされ、導体パターンを作成します。この浸せき時間は無電解銅めっきの析出速度が遅いので、12時間以上の長い時間が必要となります。このあと水洗、乾燥することでプリント配線板のパターンが完成します。

9.10 フィルドビア

　ここでビルドアッププリント配線板の層間接続に用いられるビアについて説明します。ビルドアップ法のビアは、1層ずつ積み上げた層間にあけられた穴の壁面に沿ってめっき被膜を形成して接続を行っています。これをコンフォーマルビアと言っています。層を重ね、層間をビアで接続する場合は**図9.12(a)**のように千鳥足状に

フィルドビアの例
（写真提供：新光電気工業（株））

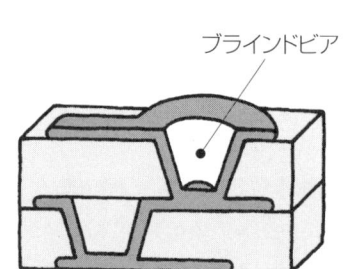

(a) 一般的な接続
（千鳥足接続Staggered Via）

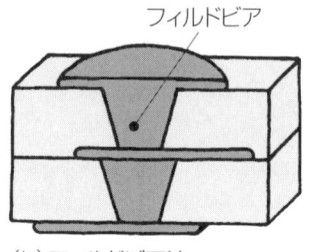

(b) フィルドビア法

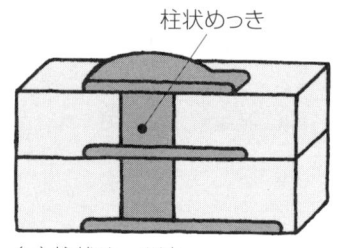

(c) 柱状めっき法

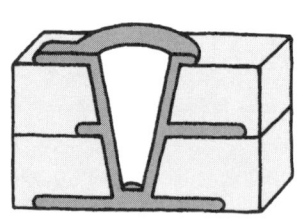

(d) 樹脂充填法

(e) 層間貫通ビア法
（スキップドビア）

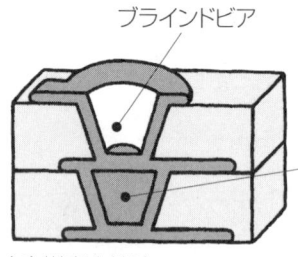

図9.12 多重層間の接続法

なります。しかし、配線の密度を上げ、電気特性を向上させることを目的として、直線上に積み上げることが求められてきています。このために図9.12(e)のように穴を貫通させる方法もありますが、穴が大きくなり、深い穴へのめっきはむずかしくなります。

そこで、図9.12(b)のようにビアの中をめっき充填しようとする開発が盛んに進められています。これは電解銅めっきの添加剤で表面のめっきの成長を抑え、穴の内部の成長を促進させる効果を持たせためっき液を用いることで実現しています。これをフィルドビアといっています。図9.12(c)はセミアディティブ法の応用で柱状にめっきを成長させたものです。図9.12(d)はコンフォーマルビア内に導電性ペーストを充填する方法です。

9.11
検査

めっきの終了後には検査を行います。ここでは、多くは全数について外観検査をしています。

検査する項目は、

表面：めっき光沢むら、変色、汚れ、凹凸、パターンのかけ、パターンショート、など

穴内：穴内のめっきかけ、ボイド、

などです。

ビルドアッププリント配線板や微小な径の穴や微細パターンでは、拡大鏡を用いて検査を行います。

外観検査と別に、めっき液の状態を調査する目的で、めっきする時のラックに試験片（クーポン）を添付し、めっきの終了後に回収して、この試験片によりめっきの物性、接続状態、ピール強度などを測定をすることがあります。このクーポンのテストの結果により、めっき液の条件などを調節することで品質の向上を行っています。

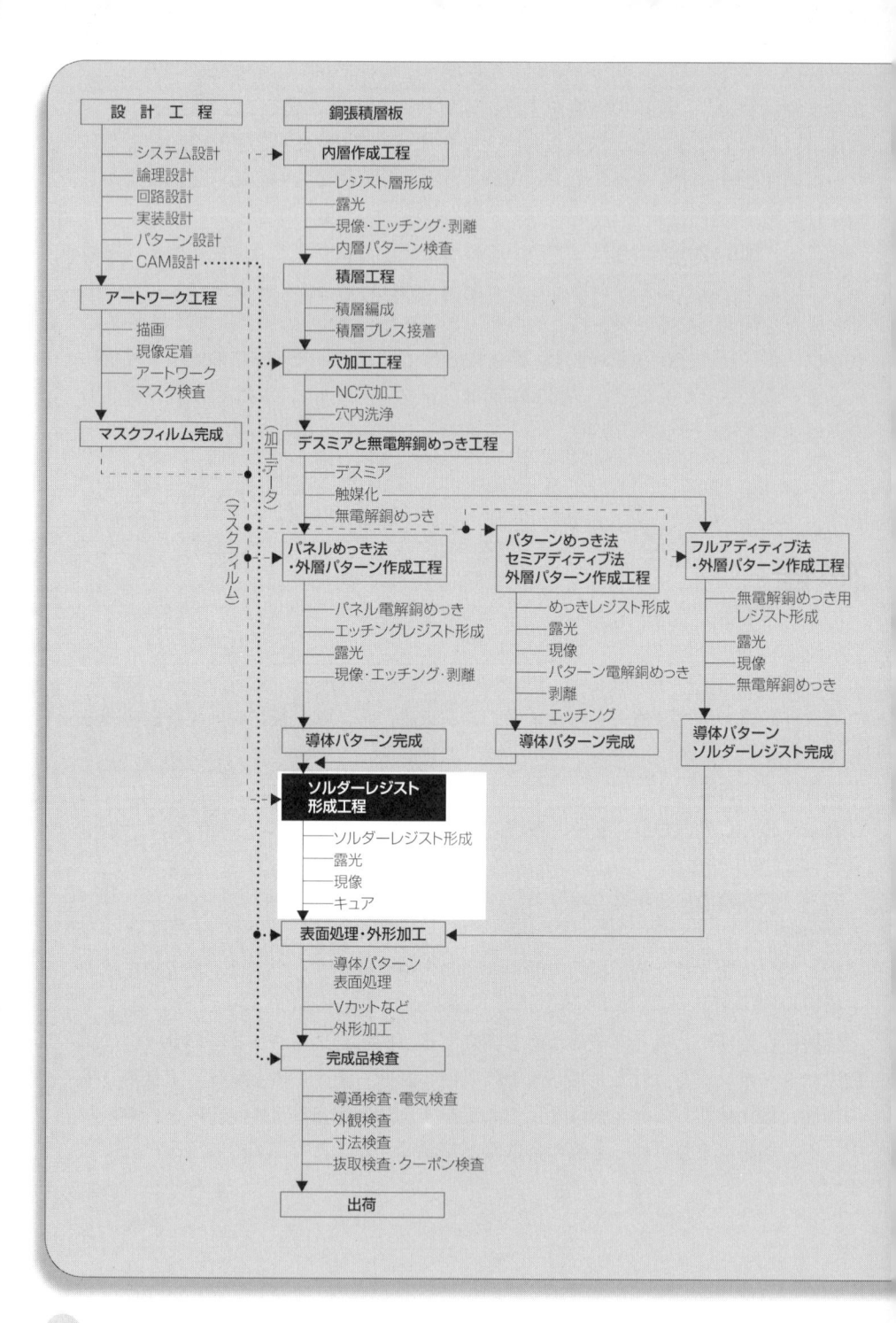

```
設計工程
  ― システム設計
  ― 論理設計
  ― 回路設計
  ― 実装設計
  ― パターン設計
  ― CAM設計 ┄┄┄

アートワーク工程
  ― 描画
  ― 現像定着
  ― アートワーク
    マスク検査

マスクフィルム完成

銅張積層板
  ↓
内層作成工程
  ― レジスト層形成
  ― 露光
  ― 現像・エッチング・剥離
  ― 内層パターン検査

積層工程
  ― 積層編成
  ― 積層プレス接着

穴加工工程
  ― NC穴加工
  ― 穴内洗浄

デスミアと無電解銅めっき工程
  ― デスミア
  ― 触媒化
  ― 無電解銅めっき

（加工データ）
（マスクフィルム）

パネルめっき法
・外層パターン作成工程
  ― パネル電解銅めっき
  ― エッチングレジスト形成
  ― 露光
  ― 現像・エッチング・剥離

パターンめっき法
セミアディティブ法
外層パターン作成工程
  ― めっきレジスト形成
  ― 露光
  ― 現像
  ― パターン電解銅めっき
  ― 剥離
  ― エッチング

フルアディティブ法
・外層パターン作成工程
  ― 無電解銅めっき用
    レジスト形成
  ― 露光
  ― 現像
  ― 無電解銅めっき

導体パターン完成

導体パターン完成

導体パターン
ソルダーレジスト完成

**ソルダーレジスト形成工程**
  ― ソルダーレジスト形成
  ― 露光
  ― 現像
  ― キュア

表面処理・外形加工
  ― 導体パターン
    表面処理
  ― Vカットなど
  ― 外形加工

完成品検査
  ― 導通検査・電気検査
  ― 外観検査
  ― 寸法検査
  ― 抜取検査・クーポン検査

出荷
```

第10章 ソルダーレジスト形成工程

10.1 ソルダーレジストとは

10.1.1 ソルダーレジストの役割

ソルダーレジストは、完成したプリント配線板の導体パターン上に新たに形成する樹脂層のことで、次のような役割があります。

(1) はんだの付着防止
(2) 導体間の絶縁性の維持
(3) 導体の保護
(4) 電気特性の改善
(5) BGAなどのパッケージのモールドの下地

もともと、導体にはんだを付けないという目的で適用されてきましたが、その他の目的も加えられ、いまや重要な材料となりました。電気特性の改善は要求によるもので、導体上の誘電率の制御に用います。

また、BGAパッケージとしてのインターポーザに用いる場合、ソルダーレジストで保護したプリント配線板上にチップを接続し、このチップを保護するために樹脂モールドの下地となります。

10.1.2 ソルダーレジストの特性

ソルダーレジストの材料は、基板材料と同じと考えてよいと思います。どちらもプリント配線板を構成する材料で、電子機器に搭載され、長期間使用されるものです。

プリント配線板を作成するにあたって、ソルダーレジストは重要な材料で、ソルダーレジストが持つべき必要な特性としては表10.1のようなものがあります。

```
ソルダーレジスト塗布/
      ラミネート
         ↓
        露 光
         ↓
        現 像
         ↓
        水 洗
         ↓
        乾 燥
         ↓
        キュア
         ↓
        完成品
```

用語ミニ解説

ソルダーレジスト：solder resist, solder mask
プリント配線板のはんだ付けを行うときに、はんだ付けに必要なランド以外のランドや導体パターンなどをはんだが着かないようにする耐熱性のコーティング層、および、その材料。はんだ付け時のはんだショートを抑え、絶縁性を保ち、導体を保護する役目をする。レジストインキを用いたスクリーン印刷、および、感光性レジストインキ、または、フィルムを用い写真法で形成するものがある。

表10.1　ソルダーレジストに要求される特性

〈プリント配線板に形成された皮膜として〉

① はんだ耐熱性
② 電気絶縁性
③ 基材との密着性
④ 耐候性
⑤ 柔軟性（薄型プリント配線板、ビルドアッププリント配線板、フレキシブルプリント配線板用）

〈ソルダーレジストを形成する場合〉

① 液状材料のコーティング性　　⑤ 現像性
② ドライフィルムのラミネート性　⑥ 作業性
③ 解像性　　　　　　　　　　　⑦ 耐めっき性
④ 感光度　　　　　　　　　　　⑧ 材料の保存性

10.1.3　ソルダーレジストの形成法

　ソルダーレジストのパターンを形成するには、熱硬化性または紫外線硬化性のインク材料を用いるスクリーン印刷法と、感光性樹脂材料による写真法とがあります。高密度配線をもつ多層プリント配線板やビルドアッププリント配線板では写真法が使われています。

　ソルダーレジストは、はんだ付けをする部分を除くプリント配線板のパターンの全面にコーティングまたはラミネートします。はんだ付けをするQFPやBGAなどのパッド、チップ部品のパッドは露出させます。パッドの大きさやパッドのピッチが年々小さくなってきているので、スクリーン印刷ではソルダーレジストの位置精度を高くすることが難しくなります。感光性レジストでは解像度、パッド間に形成するパターンとの位置合わせ精度、幅の狭いレジストの強度などが重要となってきます。

　ソルダーレジストは部品の種類によりレジストの高さが異なり、高過ぎても低過ぎてもはんだの強度に影響が出てきます。また、レジストのパッドへのかぶりがあると接続面積が減少し、はんだ強度が小さくなるので、レジストパターンの形成作業には十分な注意が必要です。

10.2
レジストの種類と特性

　ソルダーレジストには**表10.2**のように液状タイプとドライフィルムタイプがあります。形成法からみると、印刷するものと感光性のものがあり、感光性のものはすべて露光によって硬化するネガ型となっています。

　液状レジストには熱硬化型、紫外線硬化型と感光性ソルダーレジストがあります。このうち、熱硬化型、紫外線硬化型はスクリーン印刷法でパターンを印刷、その後、紫外線と熱でパターンを硬化させるものです。

　感光性の液状ソルダーレジスト、ドライフィルムソルダーレジストは、写真法でパターンを形成しますので、この後、現像、キュアの工程を行います。現在は液状レジストが多く用いられています。

```
ソルダーレジスト塗布/
   ラミネート
      ↓
     露 光
      ↓
     現 像
      ↓
     水 洗
      ↓
     乾 燥
      ↓
     キュア
      ↓
     完成品
```

用語ミニ解説

ドライフィルム：Dry film photoresist
通常、感光レジストとして溶液ではなくフィルム状にしたものをいう。エッチング、またはめっきレジストでパターン作成に使用するものと、ソルダレジスト形成をおこなうものとがある。現像の型にアルカリ型と溶剤型がある。最近では感光性ばかりでなく、非感光性のビルドアッププリント配線板の絶縁層形成にも用いられるものも作られている。

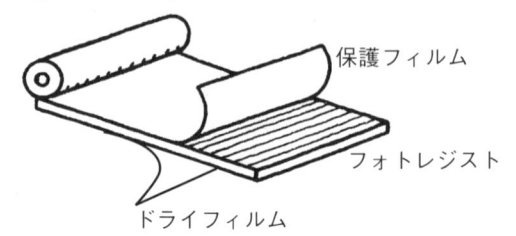

（図：ドライフィルム／保護フィルム／フォトレジスト）

表10.2　ソルダーレジストの種類

レジストの種類	レジストの形状	形成方式	形成方法	レジスト形成後の処理
液状ソルダーレジスト	熱硬化性レジスト	スクリーン印刷（パターン形成）	片面塗布	→熱キュア
液状ソルダーレジスト	UVキュアレジスト	スクリーン印刷（パターン形成）	片面塗布	→UVキュア→熱キュア
液状ソルダーレジスト	感光性レジスト	スクリーン印刷（全面塗布）	片面塗布 全面塗布	→露光→現像→キュア
液状ソルダーレジスト	感光性レジスト	スプレーコート（全面塗布）	片面塗布	→露光→現像→キュア
液状ソルダーレジスト	感光性レジスト	カーテンコート（全面塗布）	片面塗布	→露光→現像→キュア
液状ソルダーレジスト	感光性レジスト	ローラーコート（全面塗布）	両面塗布	→露光→現像→キュア
ドライフィルムソルダーレジスト	感光性レジスト	真空ラミネート	両面ラミネート	→露光→現像→キュア

なお、液状感光性レジストは、パネル全面に塗布するのにスクリーン印刷法、カーテンコート法、スプレーコート法などが用いられています。液状ソルダーレジストには、導体の凹凸へのコーティングに際し、ソルダーレジストがパターンの隅々までに行き渡り易く、表面が平坦に仕上がるような特性が求められます。一方、ドライフィルムでは、導体パターンの凹凸にしっかりと追従させるために真空ラミネータが用いられています。また、現像は有機溶剤型とアルカリ現像型がありますが、アルカリ現像型が多くなっています。

ビルドアッププロセスでは、感光性絶縁樹脂を用いる場合、これと同様の樹脂をコーティングして、パターンを露光、現像して穴をあけますが、工程はソルダーレジストでのコーティング、露光、現像と全く同じとなります。

10.2.1　ドライフィルムソルダーレジスト

ドライフィルムソルダーレジストは、エポキシーアクリル系樹脂を用いた感光性のフィルムです。樹脂はコンパウンドとしてポリエチレンフィルムとポリエステルフィルムでサンドイッチ状に挟まれています。レジストはプリント配線板上に形成したときの物性、例えば、はんだ耐熱性、耐候性、絶縁性、誘電特性、耐めっき性、密着性など、また、作業性に関し、ラミネート性、現像性、感光特性、などの特性が要求を満足するものとしています。

フィルムのラミネートには真空ラミネータが用いられています。これは導体パターンの凹凸に追従させるためですが、表面も平坦性のよい膜となります。ドライフィルムは凹凸になじむように流動性を高くしていますが、保管中にロールの側面より樹脂の流れるエッジヒュージングが起り易いので、低温での輸送、保管が必要となっています。液状の平坦化材をコーティングしてからドライフィルムのラミネートすることも考えられています。

10.2.2　液状ソルダーレジスト
(1) 熱硬化性レジスト、UVキュアレジスト

エポキシ樹脂を主体としたレジストで、熱硬化性のものと紫外線（UV）でキュアするものとがあります。レジストパターンはスクリーン印刷で形成され、印刷後、加熱または紫外線で硬化します。UVキュアレジストの方が短時間に硬化するので普及しています。スクリーン印刷を用いるものはパターンが比較的粗で、量産されるものに用いられています。

```
ソルダーレジスト塗布/
ラミネート
      ↓
    露 光
      ↓
    現 像
      ↓
    水 洗
      ↓
    乾 燥
      ↓
    キュア
      ↓
    完成品
```

```
            製造パネル
          (導体パターン完成品)
                 ↓
              前処理
            (研磨、酸洗)
           ↓           ↓
    液状レジスト      ドライフィルム
      塗布          ラミネート
   (片面)            (両面)
   (片面+片面、連続)
   (両面)
                    マスクフィルム
       ↓              ↓
     露 光           露 光
    (両面)           (両面)
       ↓              ↓
     現 像           現 像
    (両面)           (両面)
       ↓              ↓
     水 洗           水 洗
       ↓              ↓
     乾 燥           乾 燥
       ↓              ↓
  キュア(紫外線、加熱)  キュア(紫外線、加熱)
    (両面)           (両面)
       ↓              ↓
   マーキング印刷
       ↓
   レジストキュア
       ↓              ↓
  ソルダーレジスト、  ソルダーレジスト
  マーキング完成品    パターン完成
```

外形加工、表面処理工程へ

図10.1　感光性ソルダーレジストのプロセス

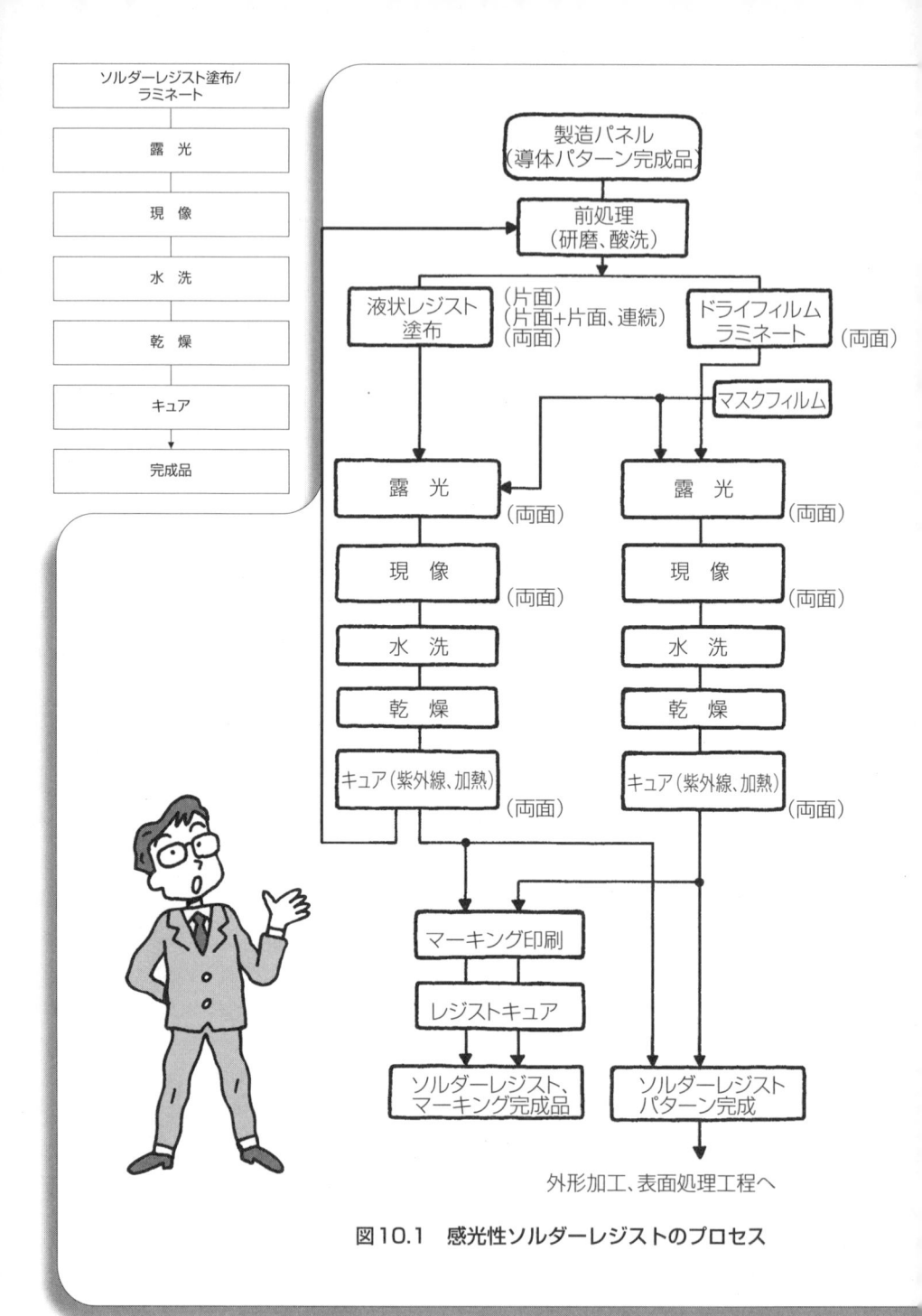

(2) 感光性レジスト

現在もっとも多く使用されているレジストです。アクリル－エポキシ系樹脂で、感光基を導入して感光性を持たせ、絶縁性や塗布などの作業性を調整しています。物性としては、はんだ耐熱性、耐候性、絶縁性、誘電特性、耐めっき性、密着性などが、作業性としては、塗布性、現像性、解像度、感光特性など多くの特性が求められているものです。

液状でもプリント配線板の表面の導体パターンの凹凸を十分に覆うような性能であることが必要です。ビルドアッププリント配線板ではブラインドビア内に完全に入るような性能が必要です。

塗膜の厚さはドライフィルムより薄いので解像性は良好となります。しかし、ソルダーレジストとしての特性を満足するような厚さにコーティングすることが必要です。

10.3 ソルダーレジスト工程

図10.1に感光性ソルダーレジストの工程を示しました。ソルダーレジスト層を形成する製造パネルは導体パターンが完成したものです。ソルダーレジストの密着性を向上させるためには前処理は重要です。レジストはドライフィルム型と、液状とがあり、液状の塗布の方法には数多くのものがあります。感光性のものは紫外線の露光機を用い、水平のコンベアで現像します。これらはパターン作成時に用いるものとほとんど同じです。そして仕上げは紫外線照射と加熱によりレジストを完全に硬化させます。マーキング印刷は、文字等を印刷するもので、材料はソルダーレジストと同じ、色を白黄などに変え、スクリーン印刷を行ないます。

10.3.1 前処理

レジストを銅表面と樹脂面に接着させるには適度の粗度とフレッシュな金属面が必要です。このために研磨ブラシや研磨材による研磨を行います。これにより絶縁

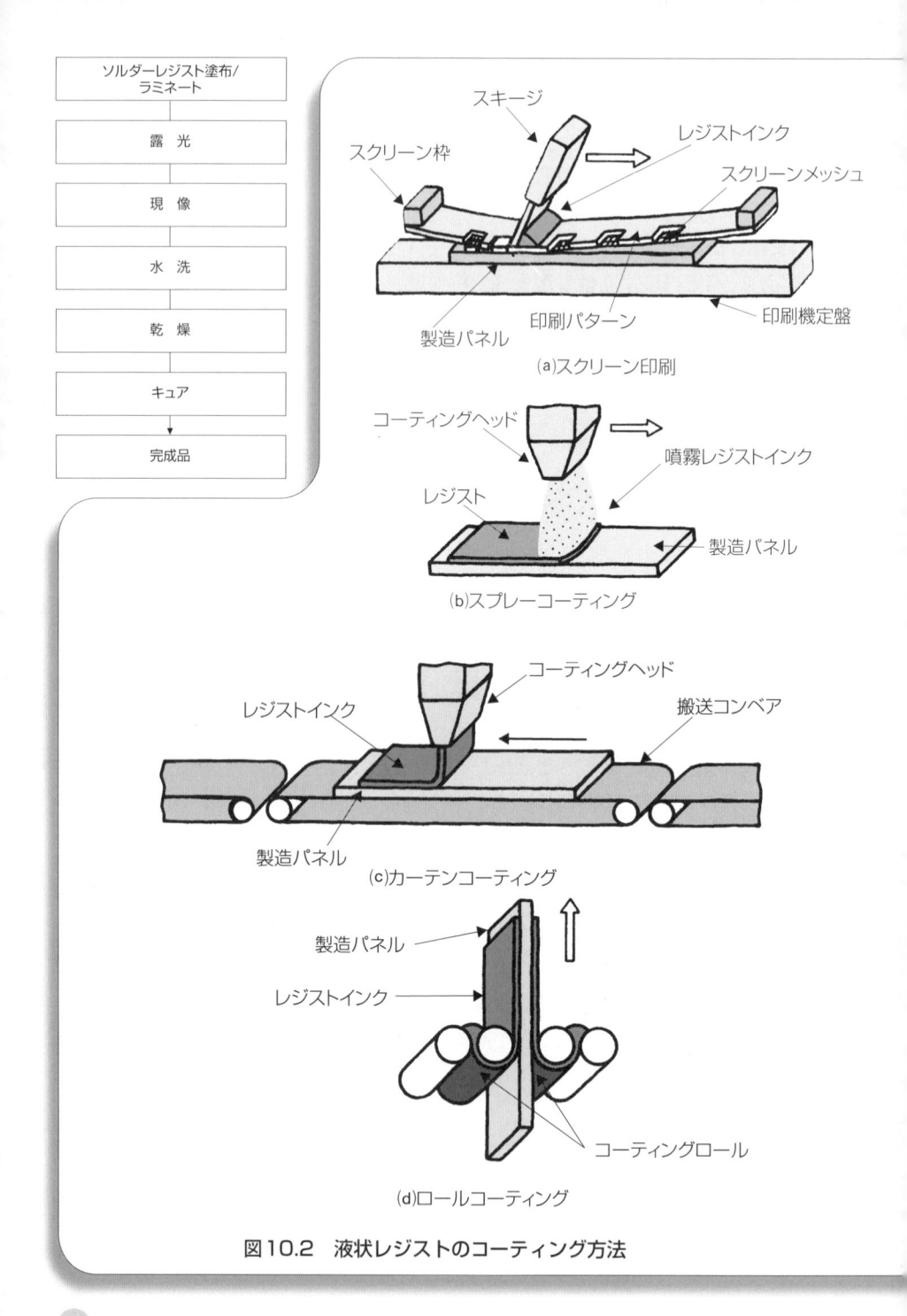

```
ソルダーレジスト塗布/
ラミネート
   ↓
  露 光
   ↓
  現 像
   ↓
  水 洗
   ↓
  乾 燥
   ↓
  キュア
   ↓
  完成品
```

(a) スクリーン印刷
スキージ、レジストインク、スクリーン枠、スクリーンメッシュ、製造パネル、印刷パターン、印刷機定盤

(b) スプレーコーティング
コーティングヘッド、噴霧レジストインク、レジスト、製造パネル

(c) カーテンコーティング
レジストインク、コーティングヘッド、搬送コンベア、製造パネル

(d) ロールコーティング
製造パネル、レジストインク、コーティングロール

図10.2 液状レジストのコーティング方法

基板面も清浄になります。ミクロに清浄にするために，酸洗を行います。十分な水洗，乾燥を行い，レジスト形成のクリーンルームへ送ります。より密着性を向上させるため，銅パターンの表面を積層時の内層処理と同様に酸化処理や粗化処理を行うこともあります。ビルドアッププリント配線板では，必ず酸化処理や粗化処理の表面処理を行っています。

10.3.2　ドライフィルムのラミネート

　ドライフィルムは流動性が液体より悪いので，パターンの隅ずみまで充填するために真空ラミネートを行います。製造パネルはレジストの特性に応じ，予め加熱などを行ってラミネータにより両面にレジスト層を形成します。温度，真空度，ロール圧などを使用するドライフィルムに適合させ，作業はクリーンルームで行います。ラミネート後，露光するまでレジストの特性に応じて一定時間放置されます。

10.3.3　液状レジストの塗布の方法

　液状レジストの塗布もクリーンルームで行います。塗布の方法として，
(a) スクリーン法　〈片面塗布、両面塗布〉
(b) スプレー法　　〈片面塗布〉
(c) カーテンコート法　〈片面塗布〉
(d) ローラーコート法　〈両面塗布〉

などがあります。これを図10.2に示しました。

　スクリーン印刷法は簡便です。しかし，厚いレジスト層の作成や，網目によるピンホールの発生の防止をするためには，2回以上の印刷を行なう方がよりよい結果となります。一般的には片面印刷です。

　スプレー法は，インクを霧状に噴霧してコーティングするもので，穴内には入りにくく均一に塗布されますが，材料の使用効率が低い欠点があります。

　カーテンコート法は，ノズルよりレジストをカーテン状に落下させ，その下を板を通過させて塗布するもので，均一塗布が可能です。装置がやや複雑で，レジストの吸水などに対する対策が必要となります。これらの方法は片面印刷です。

　ロールコーティング法は，ロールによって印刷するようにコーティングするものです。ロールコーティング法は両面コーティングが可能です。

　片面塗布方式の場合，ソルダーレジストを両面にコーティングするためには，同じ装置で反転してコーティングするか，装置を2台を用いて連続して塗布するか，

```
ソルダーレジスト塗布/
ラミネート
    ↓
   露 光
    ↓
   現 像
    ↓
   水 洗
    ↓
   乾 燥
    ↓
   キュア
    ↓
   完成品
```

用語ミニ解説

ソルダーダム：solder dam
(1) 表面実装部品のパッド間のはんだブリッジの防止のためにもうけた絶縁パターン。一般にソルダーレジストで形成する。
(2) 部品の接続にもちいたはんだがパターンに沿って余分に流れないように導体パターンの部品との接続パッド近傍に設けたソルダーレジストの障壁パターン。

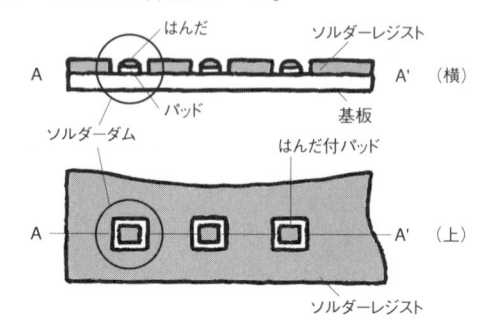

（横断面図：はんだ／ソルダーレジスト／パッド／ソルダーダム／基板）
（上面図：はんだ付パッド／ソルダーレジスト）

カーテンコート法：Curtain coating method
　一定の隙間のスリットより塗布する溶液をカーテン状に落下させ、この下をパネルを通過させることによるコーティング法。感光性ソルダレジスト、ビルドアップにおける絶縁材料などパネル上に塗布する場合に用いる。

スプレーコータ：Spray coater
　液状のフォトソルダレジスタなどを霧状にしてプリント配線板上に塗布する装置。静電荷を与えてコーティングの効率をあげている。

スプレーコート法：Spray coating method
　液状のフォトソルダレジスタなどを霧状にしてプリント配線板上に塗布する工程。塗りむらがなく薄くて均一な塗面が形成できる。

いずれかの方法でコーティングしています。しかし、両面が同時にコーティングされないので、コーティングする面の反対面は汚染の心配があります。片面ずつ塗布、焼き付け、現像、キュアを行い、再度、整面より繰り返すのが最良と考えられ、一部では実施されていますが、現実には前者の方法がほとんどです。

しかし、レジストは両面同時塗布が原則で、両面同時に塗布する方法として、縦型のスクリーン印刷法とローラーコート法があり、今後その適用も考えられるものです。

なお、ビルドアップの絶縁層のコートにはカーテンコート法、ローラーコート法、スクリーンコート法が用いられています。

10.3.4　露光・現像・硬化処理

感光性レジストが塗布またはラミネートされた製造パネルは、マスクパターンフィルムを密着させ、紫外線で露光されます。

露光、現像はパターン作成とほとんど同じで、洗浄、乾燥を行って完成させます。現像液はレジストの種類により選択されますが、環境などの問題により、アルカリ性水溶液による現像が行われています。

乾燥したパネルは、ソルダーレジストを完全に硬化させるために、紫外線を照射して未反応の感光基を反応させ、さらに加熱により完全に硬化させます

ビルドアッププロセスの感光性絶縁樹脂の処理工程は、感光性ソルダーレジストの工程と同じです。

このようにして、ソルダーレジストの形成の終わった製造パネルは次章で説明します最終加工工程に送られ、プリント配線板としての完成が間近となってきています。

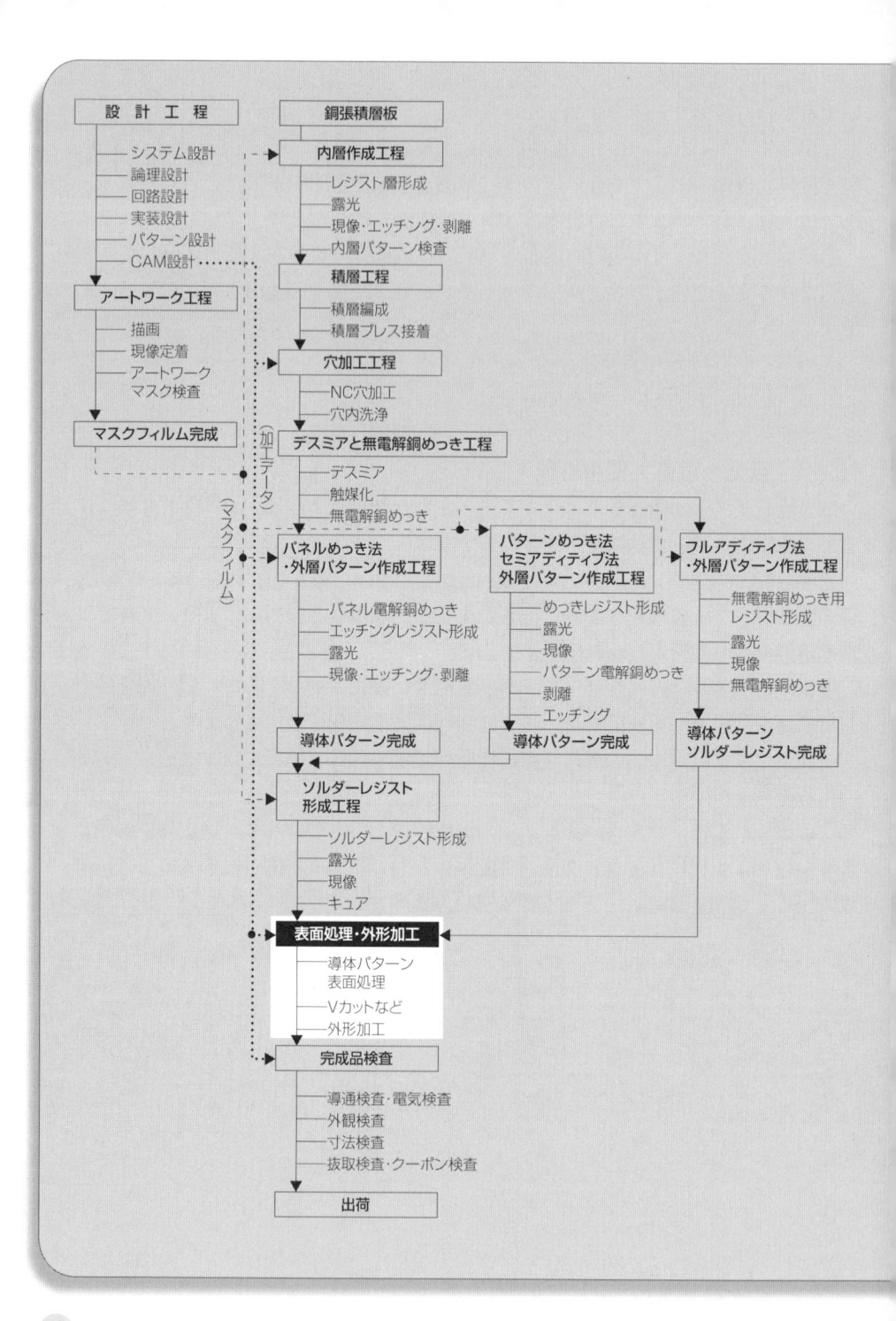

```
┌─────────────┐           ┌─────────────┐
│  設 計 工 程 │           │  銅張積層板  │
└─────────────┘           └─────────────┘
  ├─ システム設計                │
  ├─ 論理設計              ┌─────────────┐
  ├─ 回路設計              │  内層作成工程 │
  ├─ 実装設計              └─────────────┘
  ├─ パターン設計            ├─ レジスト層形成
  └─ CAM設計 ┄┄┄┄┄┄┐        ├─ 露光
         │         ┊        ├─ 現像・エッチング・剥離
┌─────────────┐   ┊        └─ 内層パターン検査
│アートワーク工程│   ┊       ┌─────────────┐
└─────────────┘   ┊       │   積層工程   │
  ├─ 描画          ┊       └─────────────┘
  ├─ 現像定着      ┊         ├─ 積層編成
  └─ アートワーク  ┊         └─ 積層プレス接着
     マスク検査    ┊       ┌─────────────┐
         │         ┊       │  穴加工工程  │
         ▼         ┊       └─────────────┘
┌─────────────┐   ┊         ├─ NC穴加工
│マスクフィルム完成│ ┊         └─ 穴内洗浄
└─────────────┘   ┊       ┌─────────────────────┐
                  ┊       │デスミアと無電解銅めっき工程│
          〈加工データ〉    └─────────────────────┘
                  ┊         ├─ デスミア
          〈マスクフィルム〉  ├─ 触媒化
                  ┊         └─ 無電解銅めっき
```

パネルめっき法 ・外層パターン作成工程	パターンめっき法 セミアディティブ法 外層パターン作成工程	フルアディティブ法 ・外層パターン作成工程
― パネル電解銅めっき ― エッチングレジスト形成 ― 露光 ― 現像・エッチング・剥離	― めっきレジスト形成 ― 露光 ― 現像 ― パターン電解銅めっき ― 剥離 ― エッチング	― 無電解銅めっき用 　レジスト形成 ― 露光 ― 現像 ― 無電解銅めっき
導体パターン完成	導体パターン完成	導体パターン ソルダーレジスト完成

```
┌─────────────┐
│ ソルダーレジスト │
│   形成工程    │
└─────────────┘
  ├─ ソルダーレジスト形成
  ├─ 露光
  ├─ 現像
  └─ キュア

┌─────────────┐
│ 表面処理・外形加工 │
└─────────────┘
  ├─ 導体パターン
  │   表面処理
  ├─ Vカットなど
  └─ 外形加工

┌─────────────┐
│  完成品検査   │
└─────────────┘
  ├─ 導通検査・電気検査
  ├─ 外観検査
  ├─ 寸法検査
  └─ 抜取検査・クーポン検査

┌─────────────┐
│    出荷      │
└─────────────┘
```

第11章 表面処理・外形加工工程（最終仕上げ加工）

プリント配線板の製造では、導体パターン、ソルダーレジストの形成までは製造パネルを切断することなく加工します。この後、露出している導体のパッドの表面処理や電子機器や実装工程に合わせた機械加工を行い、電子機器の製品に適合するような加工を行います。これを最終仕上げ工程と呼びます。

11.1 最終仕上げ加工

最終仕上げの工程を図11.1に示しました。

この工程では、ソルダーレジストパターンの完成後、部品接続のためのパッドの表面処理、接続のための端子めっきなどの表面処理を行います。

次に、実装工程において部品搭載しやすいような機械加工、最終の形状への外形加工などを行います。

加工の終了後、出荷に先立ち最後の洗浄を行い、出荷検査を行ってプリント配線板の完成となります。

仕上げ加工は、ユーザーの事情を入れた加工を行うことになるので、ここで示したことを色々と組み合わせて処理していきます。しかし、ここに記していない処理についての要求も多くあり、これらを満足させることも大切なことになります。したがって、ここですべてを説明することはできませんが、現在行われている主要なものを説明します。

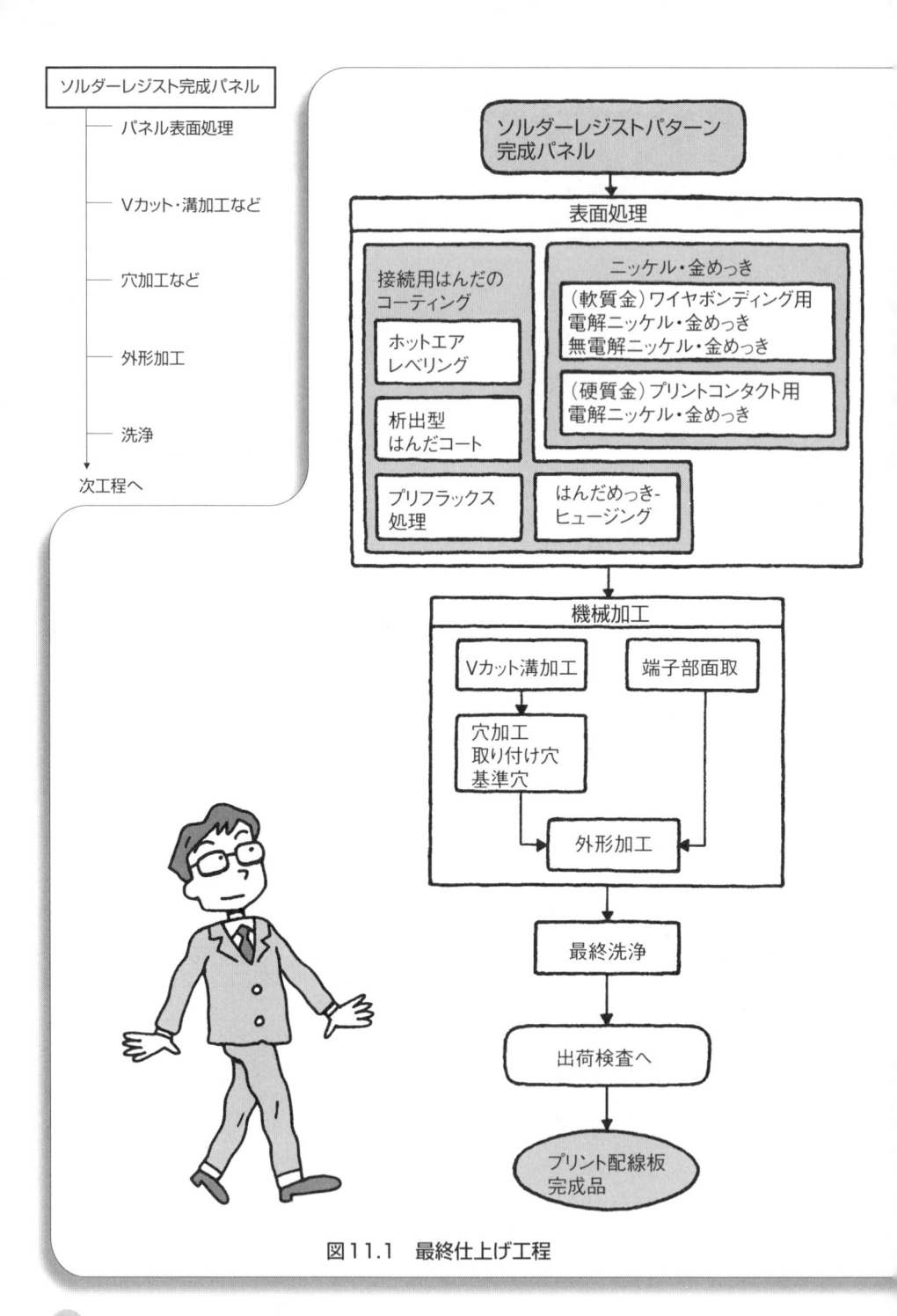

ソルダーレジスト完成パネル
- パネル表面処理
- Vカット・溝加工など
- 穴加工など
- 外形加工
- 洗浄

↓ 次工程へ

ソルダーレジストパターン完成パネル

表面処理

接続用はんだのコーティング
- ホットエアレベリング
- 析出型はんだコート
- プリフラックス処理

ニッケル・金めっき
- （軟質金）ワイヤボンディング用 電解ニッケル・金めっき 無電解ニッケル・金めっき
- （硬質金）プリントコンタクト用 電解ニッケル・金めっき
- はんだめっき-ヒュージング

機械加工
- Vカット溝加工
- 端子部面取
- 穴加工 取り付け穴 基準穴
- 外形加工

最終洗浄

出荷検査へ

プリント配線板完成品

図11.1　最終仕上げ工程

11.2 表面処理工程

プリント配線板の上には各種の電子部品を搭載し、はんだ付けなどで接続します。また、接続端子を設け、コネクタで外部との接続を行います。このように電子部品を接続することで1つの機能を持った電子回路モジュール、電子機器となるので、接続のための表面処理は重要なものとなります。表面処理には次のようなものがあります。

i) 部品の接続

 はんだ接続：・HASL（はんだコート）
     ・析出型はんだコーティング
     ・はんだめっき
     ・プリフラックス処理
 ワイヤボンディング接続：軟質ニッケル／金めっき（電解めっき、無電解めっき）

ii) 外部との接続

 プリントコンタクト：ニッケル／硬質金めっき（電解めっき）

上記のはんだ付け用のめっきとしてSn6/Pb4共晶はんだ組成の錫・鉛めっきが用いられてきました。しかし、環境対策として鉛が使用禁止の方向にあるので、鉛フリーのはんだとして Sn-Ag-Cu系, Sn-Zn系, Sn-Bi系など組成のはんだが確立してきています。ソルダーペーストとしては複雑な組成でも対応できますが、めっきについては3元以上の元素をもつものとなると管理が大変になるので、錫めっきか錫・銅、錫・銀などの2元系めっきになるものと思います。なお、めっきやその他の加工をする場合、製造パネルのままか、処理しやすいような大きさに切断しています。

11.2.1 接続用はんだのコーティング
(1) ホットエアソルダーレベリング工程

浸せきめっきによるはんだのコーティングで、ホットエアソルダーレベリング(Hot Air Solder Leveling、HASL)またはホットエアレベリング(Hot Air Leveling、

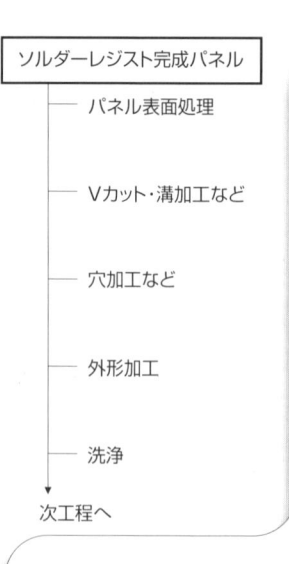

```
ソルダーレジスト完成パネル
  ├ パネル表面処理
  ├ Vカット・溝加工など
  ├ 穴加工など
  ├ 外形加工
  ├ 洗浄
  ↓
  次工程へ
```

HAL) といわれています。導体パターンの銅素地が露出している表面を保護し、部品実装時にはんだ付け性が良好となるように行うコーティングです。

この処理は、以下の順で行います。

　　整面・乾燥　→　フラックス塗布　→　HASL　→　冷却　→　洗浄・乾燥

整面・乾燥はこれまでに説明したように、銅表面を清浄にすることです。はんだ付けにの前にはんだの付着を良くするためにフラックスを塗布します。HASLは溶融はんだに浸せきし、引き上げるときに高温高圧の空気をノズルからパネルに吹き付け、付着したはんだの厚さ一定のものとするようにしています。エアブロ

表11.1　電解はんだめっき浴の組成と作業条件

		高濃度ほうふっ化浴	ほうふっ化浴	有機酸浴
すず	(g/L)	15 (12-20)	16 (14-18)	7-8
鉛	(g/L)	10 (8-14)	11 (9-13)	2-8
ほうふっ化水素酸	(g/L)	400 (350-500)	140 (120-180)	──
ほう酸	(g/L)	15 (10-20)	25 (15-40)	──
有機酸 (アルカノールスルホン酸など)	(g/L)	──	──	100-150
酸化防止剤 (ピロカテコールなど)		若干	若干	若干
添加剤		ペプトンなど	ノニオン界面活性剤など	アミン-アルデヒド系など
アノード		Sn:Pb=6:4	Sn:Pb=6:4	Sn:Pb=6:4
アノードバッグ		PP製	PP製	PP製
陰極電流密度	(A/dm²)	2.0 (1.0-3.0)	2.0 (1.0-3.0)	2.0 (1.0-3.0)
温度	(℃)	24 (20-30)	20 (15-25)	25 (20-30)
撹拌		ロッキング	ロッキング	ロッキング

ーは短時間で行い指定の厚さにしています。処理後すぐに水平にして冷却し、洗浄乾燥をします。装置には水平型と垂直型があります。はんだはSn6/Pb4の組成のものが用いられていましたが、鉛フリーへの置き換えらが進み、種々の組成のはんだがコーティングされるようになっています。しかし、加工においてはんだ槽の組成をそのつど指定の組成にすることは困難で、コーティングするものとしてSn、または、Sn-Cuのコーティングが考えられます。しかし、これはまだ流動的です。

(2) 析出型はんだコート工程

微粉末の錫と有機酸鉛とロジンなどを用いたペーストを製造パネル全面に塗布し、183℃以上に加熱すると化学反応を起こし、銅パッド上に選択的に錫・鉛合金を析出させることではんだコートする方法です。この析出反応は、全面にわたり均一に起こるので、厚さを均一なものにすることができます。このはんだコートにおいても鉛フリーの組成のものが開発されています。

(3) プリフラックスの塗布工程

露出した銅の表面を保護し、はんだ付け時には良好なはんだぬれ性となるように、耐熱性プリフラックスをコーティングしています。プリフラックスとは、部品のはんだ付けの時に使用するフラックスと容易に溶け合う相溶性をもち、使用前の保管中、銅の表面が酸化することのないよう保護するためのものです。プリフラックスははんだ付け時の熱で分解します。はんだ付け時にはフラックスともに銅素地を清浄にし、はんだの濡れをよくし、部品を接続します。

リフローはんだ付けでは、基板が表裏合わせて2回以上炉を通すことがあるので、プリフラックスには耐熱性が求められ、開発実用化が進められています。

(4) はんだめっき工程

パターンめっき法、セミアディティブ法では導体パターンのエッチングのレジストとしてはんだめっきをしましたが、エッチング後剥離してしまい、そのまま用いてはいません。したがって、導体パターン上に電解めっきではんだを形成するためには外部電極と接続する引き出し線を付けなければなりません。ただ、配線の自由度がなくなるので、特に必要とするところ以外使われていません。電解はんだめっき組成と条件は**表11.1**に例を示しました。

錫・鉛めっきは鉛フリー化へと進展、錫または錫・銅めっきなどが取り組まれて

```
ソルダーレジスト完成パネル
├─ パネル表面処理
├─ Vカット・溝加工など
├─ 穴加工など
├─ 外形加工
├─ 洗浄
↓
次工程へ
```

表11.2 ニッケルめっきの浴組成と作業条件

		ワット浴	スルファミン酸浴	硫酸浴（高速めっき）
硫酸ニッケル	(g/L)	300 (250-350)	───	550 (500-600)
塩化ニッケル	(g/L)	45 (40-50)	5 (0-10)	───
スルファミン酸ニッケル	(g/L)	───	350 (250-450)	───
ほう酸	(g/L)	40 (30-45)	40 (30-45)	40 (30-45)
添加剤		適量	適量	適量
pH		4.2 (4.0-4.6)	4.0 (3.5-4.5)	2.5 (2.0-2.8)
アノード		ニッケル	硫黄入りニッケル	白金被覆チタン
陰極電流密度	(A/dm^2)	2.5 (1.0-5.0)	2.5 (1.0-5.0)	1-40
温度	(℃)	55 (50-55)	55 (50-60)	55 (50-60)

表11.3 金めっき浴の組成と作業条件

		金合金めっき（硬質金めっき 端子めっき用）	金めっき（軟質金めっき）ボンディング用
金	(g/L)	2-8	6-12
くえん酸カリウム	(g/L)	60-80	───
くえん酸	(g/L)	10-20	───
りん酸カリウム	(g/L)	───	40-60
金属系添加剤(*1)	(mg/L)	100-500	───
有機系添加剤(*2)		若干	───
金属系微量添加剤(*3)		───	微量
pH (25℃)		4.0-4.5	6.0-8.0
アノード		白金被覆チタン	白金被覆チタン
陰極電流密度		0.5-2.0	0.1-0.5
温度(℃)		30-50	60-80
攪拌		ロッキング	ロッキング

(*1) Co、Ni、Feなど、(*2) ニコチン酸塩、ピリジン酸塩など、(*3) タリウム、鉛、ひ素など

います。

(5)ニッケル／金めっき工程

　プリント配線板では一般部品の実装、ベアチップ実装、接触部品の実装など複雑となっています。はんだ付けと接触部分の接続が混在する場合があります。BGA、PGA、CSP基板でベアチップをワイヤボンディングする場合、基板の全面に金めっき処理を行います。他の部品のはんだ付けも金めっき上で行ないます。金めっきの下地にはニッケルめっきを行います。電解めっきの場合のめっき液組成、条件をニッケルめっきを表11.2に、金めっきを表11.3に示しました。ニッケルめっきはワット浴が多く用いられますが、めっきの内部のストレスの少ないもを必要とするときはスルファミン酸浴を用います。

　電解金めっきで析出した軟質の金は純金に近いものでワイヤボンディングに用いられます。ワイヤボンディングにはニッケルめっきを約$2\mu m$、その上に軟質の金めっきを$0.05〜0.8\mu m$析出させます。金属系イオンの添加剤を加え硬質の金を析出させると、コネクタの耐摩耗性を向上することができます。コネクタ端子にニッケルめっきを約$2\mu m$、その上に硬質金めっきを$0.05〜0.8\mu m$析出させます。

　電解めっきを行う場合、電極に接続するリード線が必要となります。めっき後切断されますが、プリント配線板内に残るので、アンテナとして雑音を拾い、また配線効率を低下させることになり好ましいものではありません。このリード線をめっき終了後にエッチングにより除去しようとすることも考えられています。

　このめっきを無電解めっきで行うとリード線がいらなくなるので、無電解ニッケル／金めっきの開発が急速に進んでいます。無電解ニッケルめっきは次亜リン酸塩を還元剤にして行うので、リンが共析してきます。このリンの含量を制御することで物性が変化します。

　無電解金めっきは下地金属と置換して析出するめっきと還元剤で還元してめっきするものとがあります。現在使われているものはほとんどが置換による無電解金めっきです。金の厚さは$0.05〜0.1\mu m$程度と薄いものが使われています。置換金めっきは金イオンと下地金属のイオンとの交換によりめっきされるので、めっき層にピンホールが生成してきます。現在、非シアン系の亜硫酸金系めっき液の開発、実用化が進められています。

```
ソルダーレジスト完成パネル
  │
  ├─ パネル表面処理
  │
  ├─ Vカット・溝加工など
  │
  ├─ 穴加工など
  │
  ├─ 外形加工
  │
  ├─ 洗浄
  │
次工程へ
```

11.3 外形加工工程

　プリント配線板は最終的に実装工程の装置に合わせる、あるいは、機器の形状に合わせるなどのことを考えて、プリント配線板の外形や各種の機械加工を行います。このように、形状を自由に加工できるというのは有機樹脂基板の特長で、シリコンウェーハやセラミック基板ではできないことです。

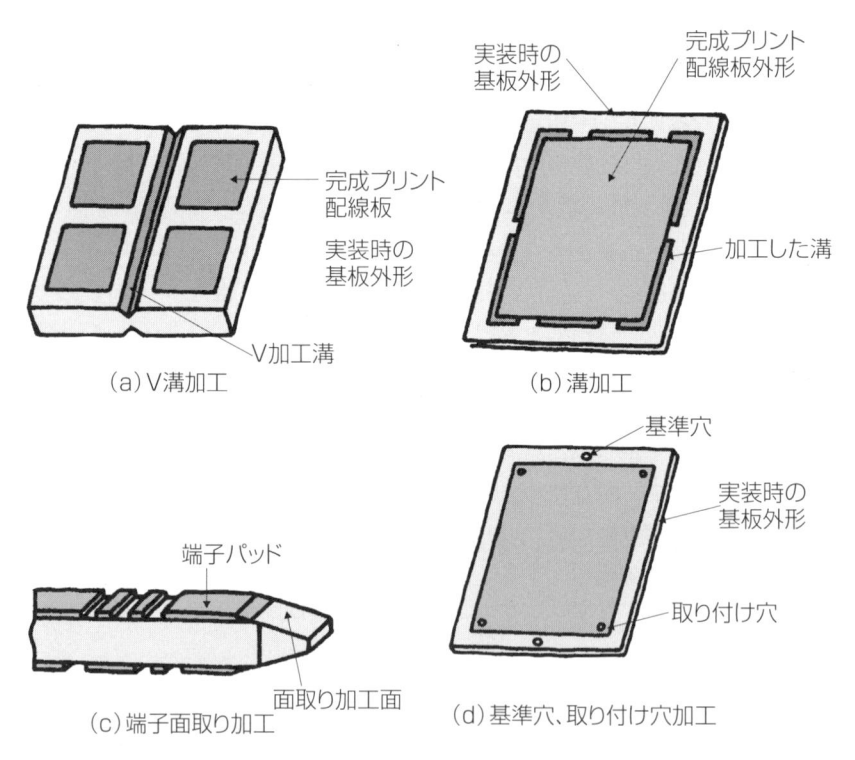

(a) V溝加工 — 完成プリント配線板／実装時の基板外形／V加工溝

(b) 溝加工 — 実装時の基板外形／完成プリント配線板外形／加工した溝

(c) 端子面取り加工 — 端子パッド／面取り加工面

(d) 基準穴、取り付け穴加工 — 基準穴／実装時の基板外形／取り付け穴

図11.2　各種の機械加工

加工の種類には**図11.2**にあるようなものがあります。部品を実装する実装装置にパネルをセットするとき、装置に合わせた大きさにします。このときは完成したプリント配線板より大きい大きさにして、装置に取り付けやすいようにします。部品実装後、プリント配線板として完成させるために、次のような加工を行っています。

(1)V溝カット加工
直線のV溝を付け、部品を取り付けた後、V溝より切り離して個片にします。

(2)溝加工
一部分でプリント配線板と繋がるように溝を加工することで、部品実装後このわずかに繋がっているところを切断、プリント配線板としての個片にします。

(3)端子面取り加工
コネクタ端子の端子部の面をなだらかにテーパーを付けて加工し、相手のコネクタに挿入しやすくします。これを面取り加工といいます。

(4)穴加工
ここでの穴加工はめっきするためでなく、次のようなものを加工します。
- 取り付け穴　…プリント配線板を筐体など装置に固定するための穴です。
- 基準穴　………部品実装装置に取り付け、部品実装位置を割り出すための基準とするものです。

(5)外形加工
プリント配線板製造工程で、完成品とする場合に行う加工です。加工方法には、ルータ加工とパンチプレス加工があります。パンチプレス加工は量の多いものに用いていますが、破断面が汚く、塵埃の発生の恐れがあり、精密なものには適していません。精度のよい端面を必要とするものはルーターによって加工しています。

(6)最終洗浄
このような機械加工を行うと、切り粉などが付着、加工機械よりの油脂類による汚染の恐れがあるので、これらを除去するために最終洗浄を行います。洗浄液は界面活性剤などによる洗浄で、あまり強力なものは避けています。

十分に水洗、乾燥した後、出荷検査を行って完成品となります。

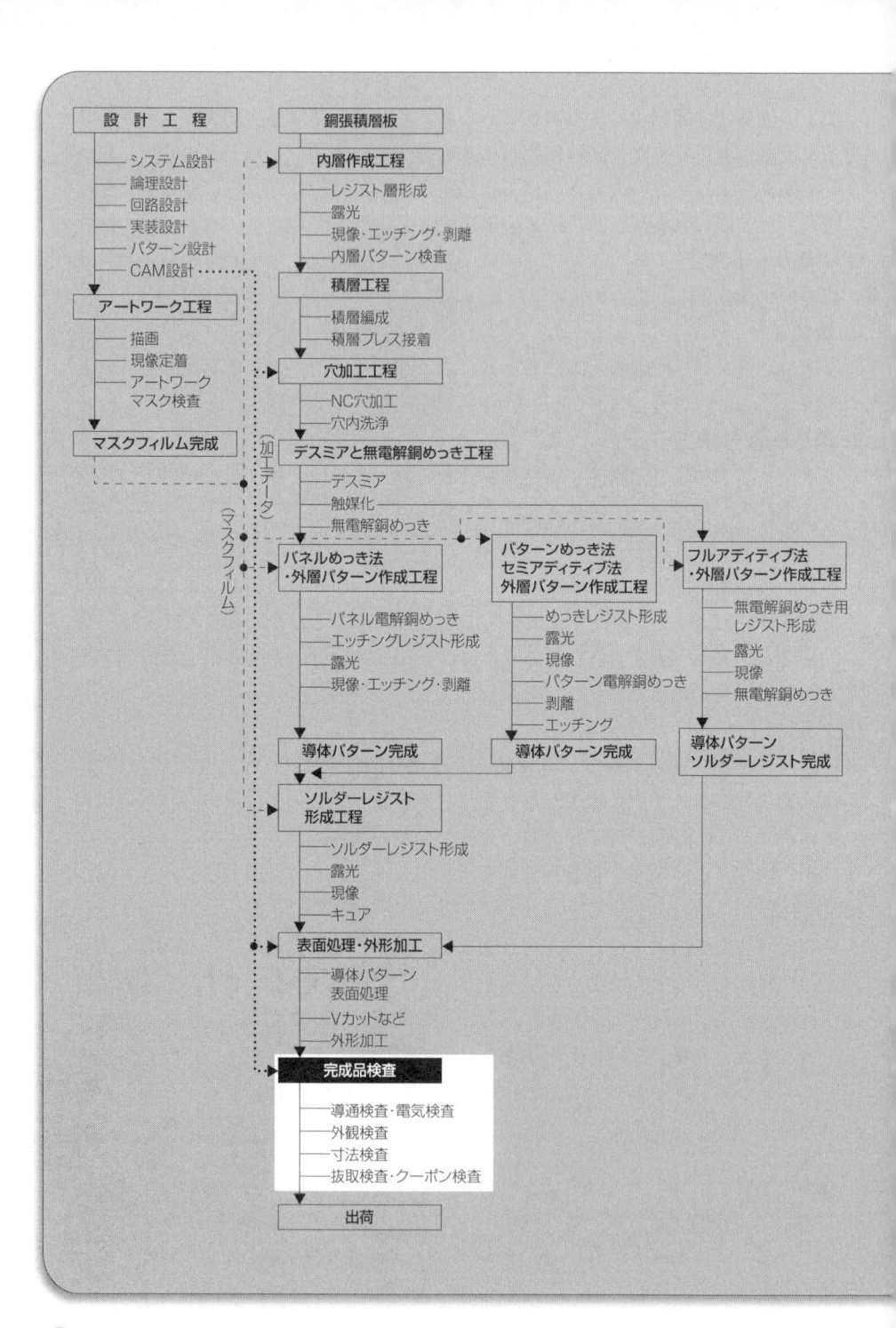

```
設計工程                    銅張積層板
 ├ システム設計              │
 ├ 論理設計                  ▼
 ├ 回路設計              内層作成工程
 ├ 実装設計                  ├ レジスト層形成
 ├ パターン設計              ├ 露光
 └ CAM設計 ········          ├ 現像・エッチング・剥離
                             └ 内層パターン検査
アートワーク工程             │
 ├ 描画                      ▼
 ├ 現像定着              積層工程
 └ アートワーク              ├ 積層編成
   マスク検査                └ 積層プレス接着
   │                         │
   ▼                         ▼
マスクフィルム完成      穴加工工程
                             ├ NC穴加工
                             └ 穴内洗浄
                             │
                             ▼
                        デスミアと無電解銅めっき工程
                             ├ デスミア
                             ├ 触媒化
                             └ 無電解銅めっき
```

パネルめっき法 ・外層パターン作成工程	パターンめっき法 セミアディティブ法 外層パターン作成工程	フルアディティブ法 ・外層パターン作成工程
― パネル電解銅めっき ― エッチングレジスト形成 ― 露光 ― 現像・エッチング・剥離	― めっきレジスト形成 ― 露光 ― 現像 ― パターン電解銅めっき ― 剥離 ― エッチング	― 無電解銅めっき用 　レジスト形成 ― 露光 ― 現像 ― 無電解銅めっき
導体パターン完成	導体パターン完成	導体パターン ソルダーレジスト完成

```
                        ソルダーレジスト
                        形成工程
                             ├ ソルダーレジスト形成
                             ├ 露光
                             ├ 現像
                             └ キュア
                             │
                             ▼
                        表面処理・外形加工
                             ├ 導体パターン
                             │  表面処理
                             ├ Vカットなど
                             └ 外形加工
                             │
                             ▼
                        完成品検査
                             ├ 導通検査・電気検査
                             ├ 外観検査
                             ├ 寸法検査
                             └ 抜取検査・クーポン検査
                             │
                             ▼
                           出荷
```

(加工データ)　(マスクフィルム)

第12章 完成品検査工程と品質保証

12.1 完成品検査工程

　プリント配線板の表面処理、外形加工などの機械加工や最終洗浄を完了し、製品となったものは完成品検査を行い、製品が良品であることをユーザーに保証します。このため非破壊検査では、製品全数の検査を行っています。

　完成品検査の工程を、図12.1に示します。

　検査には、全数検査と抜取検査があり、また、非破壊検査と破壊検査があります。非破壊検査では、導体パターンの接続が設計通りかを検査する導通検査や、導体の導通抵抗、導体間の絶縁抵抗あるいは特性インピーダンスなどを測定する電気検査と、目視や拡大鏡で外観を見る外観

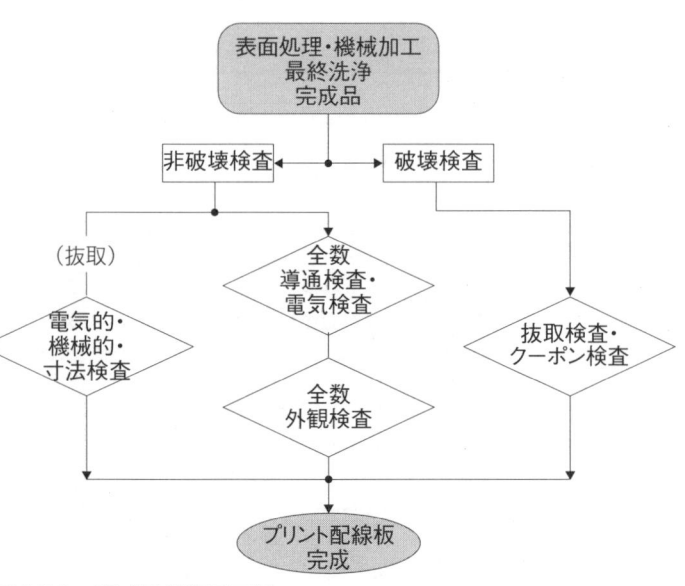

図12.1　完成品検査の工程

完成品検査 工程
―― 導通検査・電気検査
―― 外観検査
―― 寸法検査
―― テストクーポン検査
出 荷

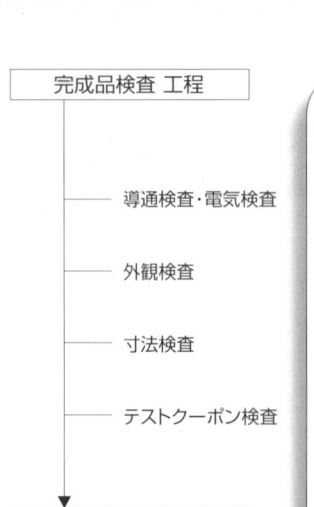

図12.2 自動布線検査機

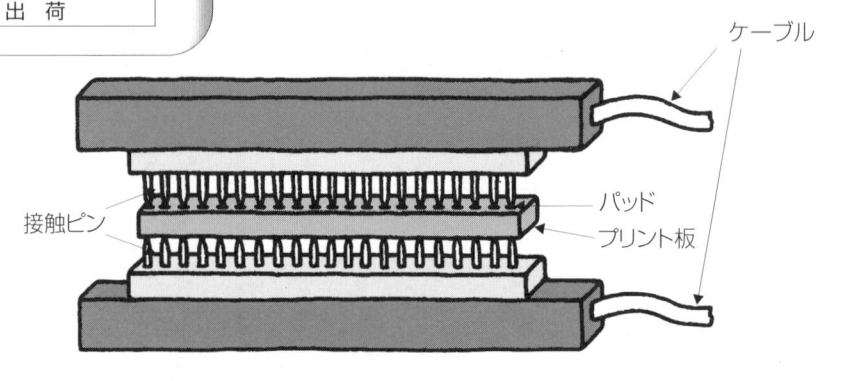

(a) 全ピン接触型方式

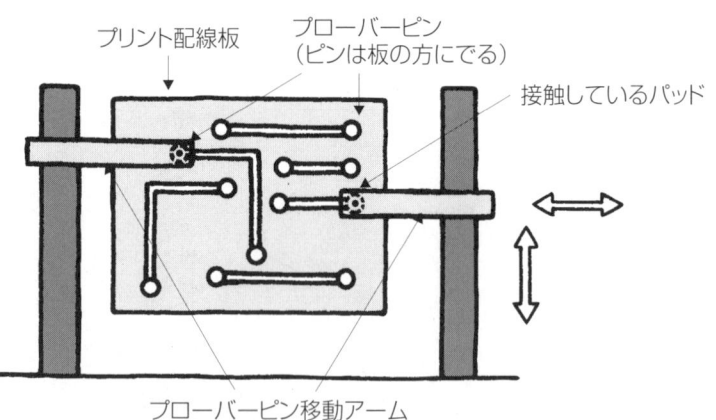

ケーブル
接触ピン
パッド
プリント板

(b) フライングプローバ方式

プリント配線板
プローバーピン（ピンは板の方にでる）
接触しているパッド
プローバーピン移動アーム

図12.3 布線検査機の構造

検査、図面通りの寸法になっているかを測定する寸法検査などを行います。抜取検査は、全数検査の必要のない検査項目と破壊しないと検査のできない項目について行います。図には非破壊検査、破壊検査について全数のもの、抜取のものを示しました。

12.1.1　導通検査・電気検査

　プリント配線板は、電子部品の1つとして、導通検査・電気検査という電気特性に関する検査は重要です。

　プリント配線板上に作成した導体パターンは、設計通りにできていることにより部品を接続してモジュールとしての機能を発揮できるので、全数の検査が行われます。ここで、配線状態を検査する導通検査のことを布線検査ともいっています。導通検査は、**図12.2**のような自動布線検査機を用いて検査します。導体パターンの両端に測定端子を接触させ、パターンの導通の有無と不要な導体間の接続の有無を測定しています。導通検査では、**図12.3**（a）のようにすべての端子に測定端子を接触させる方式と、（b）のように移動する2～16点の測定端子で測定するフライングプローバ方式のものがあります。

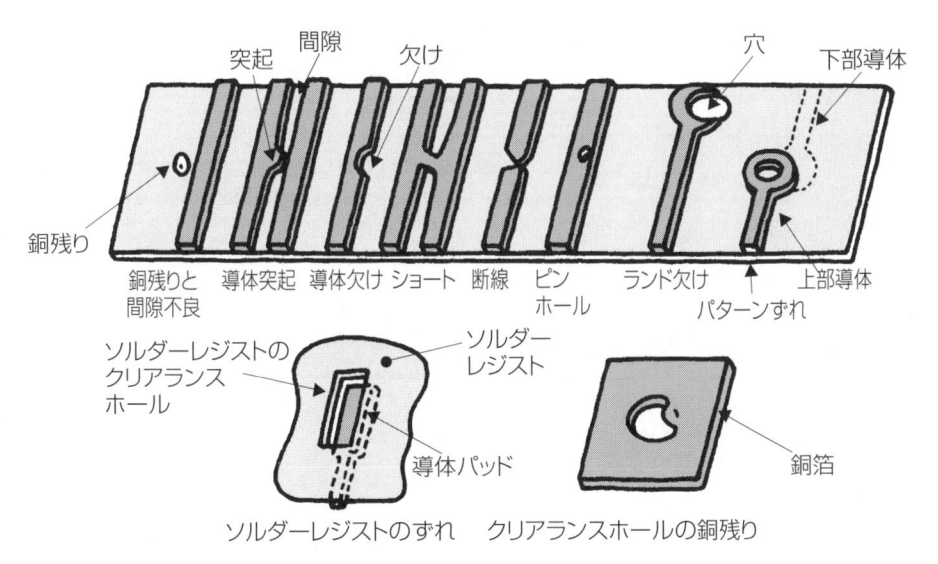

図12.4　プリント配線板の外観で見える欠陥の例

完成品検査 工程
├── 導通検査・電気検査
├── 外観検査
├── 寸法検査
└── テストクーポン検査
↓
出 荷

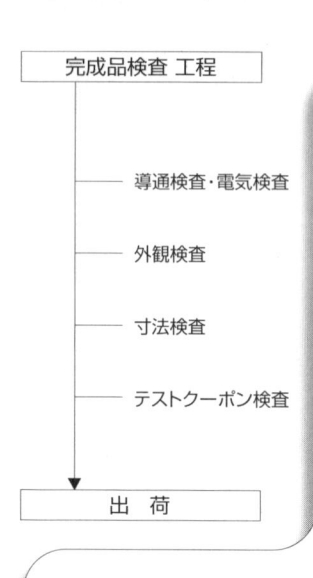

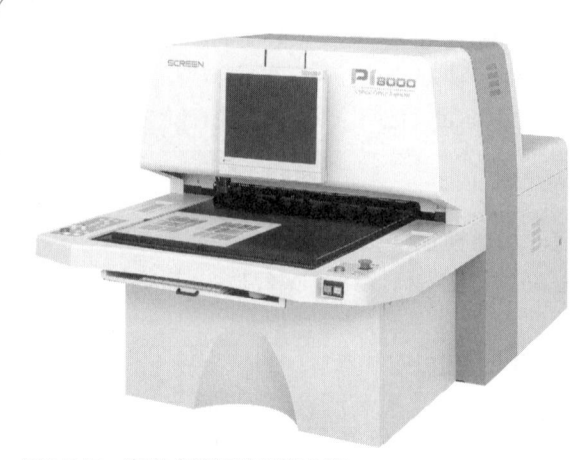

図12.5　光学式外観検査機の例
（写真提供：大日本スクリーン製造（株））

表12.1　完成品の寸法・外観検査項目項目

大分類	項目	欠陥項目
寸法検査	寸法	導体幅、導体間隙、アニュラリング、穴径、外形寸法、ソリ・ネジレ、基板厚さ、穴と外層パターンの位置精度、穴と内層パターンの位置精度、ソルダーレジストパターン寸法、ソルダーレジストパターンの位置精度、など
外観検査	パターンの欠陥	断線、パターン欠け、パターン細り、ピンホール、きず、ショート、パターン太り、銅残り、突起、汚れ、など
	めっき・エッチングの欠陥	ステップめっき、めっきボイド、めっき変色、汚れ、めっき剥がれ、スリバ、穴ずまり、めっき剥がれ、など
	ソルダーレジスト欠陥	ピンホール、むら、剥がれ、クラック、パッドへのかぶり、など
	絶縁基板の欠陥	基板のボイド・剥がれ、ミーズリング、打痕、変色、欠け、など
	プリントコンタクト関係	めっきの変色、めっきむら、ピンホール、汚れ、剥がれ、端子欠け、端子太り、端面加工不良、
	その他	基板端面の粗さ、など

電気特性としての項目は導体抵抗、絶縁抵抗、耐電圧、特性インピーダンス、高周波特性、クロストーク、電磁遮蔽性などがあります。すべてを測定するには多くの時間がかかるので、指定された製品や項目については全数行うことがありますが、これらの項目は設計したときの設定値を製品の初期品について試験、検査を行えばその後は大きく変動するものではありませんので、多くの場合、抜取で検査しています。最近、重要視されているものに特性インピーダンスがありますが、全数または抜取で検査することが多くなってきました。

12.1.2 外観検査と寸法検査、機械的検査

外部より見て分かる欠陥には、図12.4に示すようなものがあります。これを、一定の基準に従い、目視、拡大鏡で検査することを外観検査といっています。また、図面に指定された寸法通りにできているか検査するのが寸法検査です。外観検査、寸法検査では表12.1に示したような項目を対象としています。

外観検査は全数を検査しています。目視、拡大鏡のほかに、最近ではファイン化に合わせて図12.5のような自動外観検査装置が使われるようになってきました。

寸法は、測定装置でプリント配線板の各部の寸法を測定します。寸法は大きくは変動しないのものなので、抜取りで検査しています。また、機械的検査は絶縁基板の耐加重、曲げ強度、導体パターンの引きはがし強さ、層間接着強さ、めっき密着性、はんだ付け性などの検査を行います。これらは設計時に検討を行い、初期品の検査で問題なければ、工場内の管理を十分にし、その後は定期的な抜取検査を行います。いずれの検査も規格にしたがい検査しています。

検査の基準になるものとしては公的な規格であるIEC、JIS、団体規格であるJPCA、IPCなどの各種の規格があり、これを基準に作成します。しかし、客先の企業により程度が異なることが多く見られます。また、全数検査か抜取検査かについても仕様で取り決めを行っています。

12.1.3 テストクーポン検査

プリント配線板には外観ではわからない内在する欠陥があります。これらは試料を破壊しないと検査できないので製造パネルに添付したテストクーポン採集し、破壊して検査を行います。製造ロット単位でクーポンを抜取り、検査することでその製造ロットを保証しています。テストクーポンはパターン幅間隔、穴径、パッド径、内層のクリアランス径、導体層の配置など配線ルールはそれを添付する製品と同じ

完成品検査 工程
- 導通検査・電気検査
- 外観検査
- 寸法検査
- テストクーポン検査

出荷

> **用語ミニ解説**
>
> **テストクーポン**：test coupon
>   量産品の信頼性試験、内部の状況の観察、破壊検査による品質確認などのために、プリント配線板の製造パネルの外周に設けたテスト用の小片。プリント配線板の外形加工時に切り離してテストを行う。テストクーポンは製品と同じデザインルールをもち、スルーホールを連結したディジーパターン、絶縁テスト用のくし型、その他のパターン、位置測定用のパターンをもっている。テストクーポンは板と対応するロット番号をもち、板のロット保証に用いられる。

表12.2 プリント配線板における保証すべき項目

分類	保証すべき項目
①電気特性	導体抵抗、絶縁抵抗、耐電圧、特性インピーダンス、高周波特性、クロストーク、電磁遮蔽性、など
②寸法	導体幅、導体間隙、アニュラリング、穴径、外形寸法、ソリ・ネジレ、基板厚さ 穴と外層パターンの位置精度、穴と内層パターンの位置精度 ソルダーレジストパターン寸法、ソルダーレジストパターンの位置精度、など
③パターンの欠陥	断線、パターン欠け、パターン細り、ピンホール、きず ショート、パターン太り、銅残り、突起、など
④めっき・エッチングの欠陥	めっき密着性、めっきボイド、めっきクラック、めっき剥がれ、ステップめっき、穴ずまり、めっき変色、汚れ、めっき厚、エッチバック、スリバ、など
⑤絶縁基板の欠陥	基板のボイド・剥がれ、ミーズリング、打痕、変色、欠け、など
⑥ソルダーレジスト欠陥	ピンホール、むら、剥がれ、クラック、など
⑦機械的特性・実装特性	はんだ耐熱性、はんだ付け性、はんだ厚さ、曲げ強度、そり・ねじれ、ピール強度など
⑧信頼性　接続性：	スルーホールめっきの接続信頼性 導体パターンと接続のめっきとの接続信頼性 導体の接続信頼性 プリント配線板パッドと部品ピンとのはんだなどの接続信頼性 プリントコンタクトの接触信頼性
絶縁性：	導体パターン間の絶縁信頼性 層間の絶縁信頼性 導体パターンと接続のめっき間の絶縁信頼性 接続のめっき間の絶縁信頼性

とし、スルーホールやビアは直列に接続したデイジーパターンで導通、接続の状態を、また、この間に櫛形パターンなどを配置して絶縁抵抗を測定できるようにした小片で、製造パネルの製品としない周辺に添付します。このテストクーポンは、次のような項目を測定します。測定にはマイクロセクションによる検査と加速環境下での電気的測定とを行っています。

① マイクロセクション検査（断面検査）
- 穴径、めっき厚の分布、穴と内層のずれ、穴壁面の凹凸、スミアの程度、めっき液の滲み込みの程度
- めっきのクラック（コーナー、バレル）、めっきボイド、積層板のボイド、剥がれ
- 穴と内層のずれ、はんだ厚、など

② 熱ショック試験後の測定
- はんだ耐熱性、はんだ付け性、

マイクロセクション検査で
- めっきのクラック（コーナー、バレル）、スルーホールめっきと内層パターンとの接続不良
- スルーホールめっき穴壁よりの剥がれ、基材の剥がれ、パッドのリフティング、など

③ 加湿試験による絶縁試験
- 板の面方向の絶縁、層間の絶縁
- スルーホールと内層の絶縁、スルーホール間の絶縁、など

12.2
プリント配線板の品質保証

　プリント配線板に障害が起こると搭載して部品にも影響が出て、損害が大きくなります。したがって、プリント配線板の品質保証はたいへん重要です。前節では完成品の検査について説明しましたが、これだけでプリント配線板の品質保証をすることは完全ではありません。

表12.3 工程内検査の項目

工程		検査項目
大工程	中工程	
基準穴あけ		穴径、バリ
パターン作成 　　（内層） 　　（外層）	整面	研磨むら、バリ、突起、汚れ、など
	ラミネート	ふくれ、気泡混入、汚れ、など
	露光	マスクきず、ずれ、汚れ、きず、など
	現像	レジスト残り、抜け不良、汚れ、きず、など
	エッチング	断線、ショート、パターン欠損、銅残り、パターン寸法、基材割れ、きず、汚れ、など
	剥離	レジスト残り、汚れ、きずなど
積層	ガイド穴あけ	ガイド穴径、ガイド穴精度、など
	積層前処理	処理むら、処理色合い、きず、など
	積層	きず、平坦度、汚れ、板厚、層間厚、ガイド穴径、ガイド穴精度、など
樹脂コーティング	積層前処理	処理むら、処理色合い、きず、など
	積層	樹脂コーティングむら、きず、ピンホール、汚れ、など
穴あけ（機械ドリル）		穴数、穴径、バリ、きず、穴内粗さ、樹脂スミア、など
穴あけ（レーザ）		穴数、穴径、樹脂スミア、など
穴あけ（フォト）	整面	研磨むら、バリ、突起、汚れ、など
	露光	穴数、穴径、マスクきず、ずれ、汚れ、きず、など
	現像	レジスト残り、抜け不良、汚れ、きず、など
	キュア	樹脂の抜け、ずれ、汚れ、きず、など
粗面化処理、デスミア		スミアの有無、穴内異物、はがれ、など
無電解銅めっき、		析出むら、変色、など
電解銅めっき		めっきボイド、クラック、めっきざら、ステップめっき、めっきはがれ、密着性、など
ソルダーレジスト	整面	研磨むら、バリ、突起、汚れ、など
	露光	マスクきず、ずれ、汚れ、きず、など
	現像	レジスト残り、抜け不良、汚れ、きず、など
	キュア	樹脂にじみ、レジスト残り、抜け不良、汚れ、きず、など
金めっき		めっき厚、めっきむら、ピンホール、密着性、汚れ、など
フラックス塗布、ソルダーコート		塗布むら、リフローむら、変色、など
外形加工		寸法、端面仕上がり、きず、基材はがれ、パターンはがれ、変色、など

品質保証とは、ユーザーに渡ったときに支障なく使える状態であることを保証し、またその製品を使用して、時間が経過するに伴い性能が低下する程度が小さく、長時間使用できることが必要です。実際に使用ができなくなるとき時を予め知ることはできないので、色々な過酷な寿命試験により推定しています。

　顧客に対し品質保証をし、信頼性を保証するためには数多くの研究開発を行うとともに、製造における工程全体の品質管理活動が欠かせないものです。品質が良く変動の少ない材料を受入れ、製造ラインでの製造条件のチェックとフィードバック、製造装置の日常点検保全を行い、また、工程内検査、出荷検査など体系化した検査法、品質管理体制、信頼性管理法を確立することが大変重要です。

　品質保証を考えるとき、設計段階でプリント配線板の性能、例えば、電気特性、配線ルール、層構成、表面処理、材料などを決定し、それを製造段階でいかに高い良品率（これを歩留まりともいいます）で生産するかということが大切なこととなります。

12.2.1 保証すべき品質

　めっきスルーホール多層プリント配線板、ビルドアッププリント配線板の品質には、**表12.2**に挙げる項目があります。これらの項目には非破壊検査の検査項目と破壊検査項目があります。特に、長期信頼性を試験するときは熱ショック試験や加湿試験などを行い、経時的な変化を観察することにより判定しています。

12.2.2 プリント配線板の品質保証体系と履歴管理

　プリント配線板の品質保証を行うために次のような体系を確立します。
1) 製品検査体制・・・・受入検査、工程内検査、完成品検査（破壊、非破壊）
2) 信頼性保証試験体制・加速寿命試験による寿命の推定と欠陥の解析
3) 品質管理体制・・・・検査データの収集と解析、フィードバック
4) 履歴管理体制・・・・ロットの構成と材料より完成品まで一貫した履歴の記録

　パターンの微細化、穴経の微小化、絶縁層間隙の減少、導体厚の減少、新材料の採用、など技術の変化が激しくなってきているので、これに対応した品質保証体制を常に最新のものにすることが重要となってきています。

完成品検査 工程
├─ 導通検査・電気検査
├─ 外観検査
├─ 寸法検査
└─ テストクーポン検査
↓
出　荷

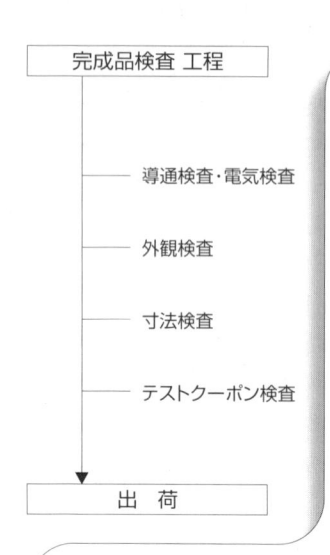

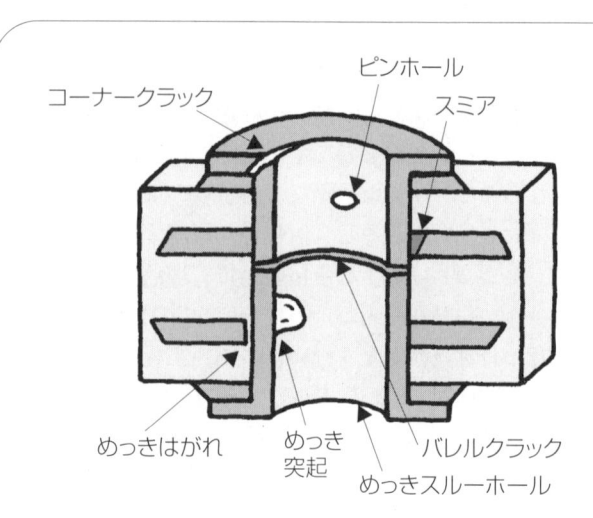

(a) スルーホールめっきの欠陥

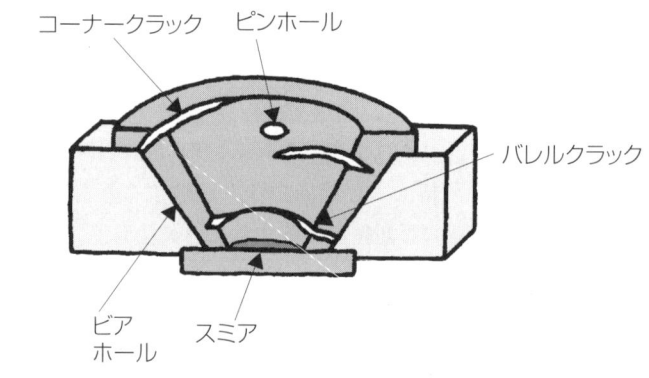

コーナークラック
ピンホール
スミア
めっきはがれ
めっき突起
バレルクラック
めっきスルーホール

(b) マイクロビアの欠陥

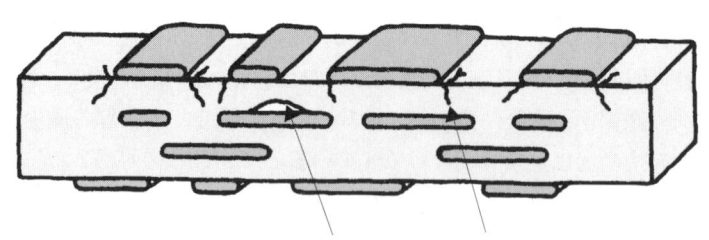

コーナークラック
ピンホール
バレルクラック
ビアホール
スミア

(c) 板内部の欠陥

板内部の剥離
基板内のクラック

図12.6　プリント配線板の内部の欠陥の例

12.2.3 プリント配線板の検査
(1) 材料の受入検査
　プリント配線板の基板材料は、有機材料のためにセラミックと異なり比較的変動があります。変動が大きいと完成品の性能に影響するので、材料の履歴を明確にし、ロットごとに受入検査を行い、材料特性が正常なことを確認しています。

　対象となる材料には、基板材料である銅張積層板、プリプレグ、ビルドアッププリント配線板用絶縁材料があります。無電解めっき液、電解めっき液、ソルダーレジスト材料なども、出荷してユーザーに渡るものなので十分な検査が必要です。パターン作成用感光性材料、穴あけ用ドリルビットなどは工程内で使用されるものですが、製造工程内での製品の品質に影響する場合は受入検査の実施しています。

(2) 工程内検査
　検査は、プリント配線板の工程の要所、要所で実施されています。これを工程内検査といって、作業をする人が検査を行っています。検査は流れている工程の中で行うので、特別な場合を除き、目視による外観検査か非破壊の測定を行っています。表12.3に工程内検査の項目を示しました。

　多層プリント配線板やビルドアッププリント配線板では、積層や絶縁層を形成して内層に置かれると、その後検査することはできないので、ここでの検査は専任の検査員によって検査しています。最近では、光学的自動外観検査機（AOI, Automatic Optical Inspector）による検査が行われています。

(3) 完成品検査
　これはこの章の始めに説明しましたが、出荷にあたっての重要な検査で、品質保証体制に中では欠かせないものです。また、テストクーポンによるロット保証も製品の信頼度を上げるために重要で、これにより内在欠陥が分かり、保証とともに品質の向上をすることができます。

```
完成品検査 工程
   │
   ├── 導通検査・電気検査
   │
   ├── 外観検査
   │
   ├── 寸法検査
   │
   ├── テストクーポン検査
   │
 出 荷
```

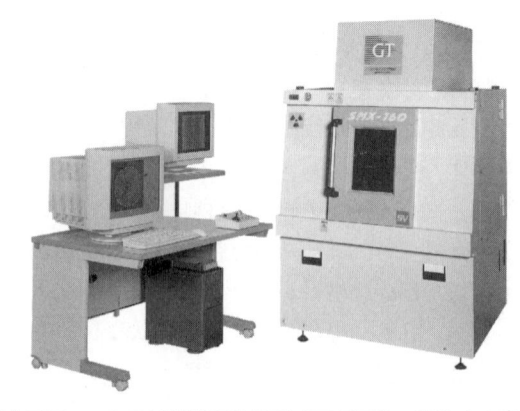

マイクロフォーカスＸ線検査装置例（写真提供：（株）島津製作所）
プリント基板の基準マークのズレ計測や内層のパターンやスルーホールの検査を行う

表12.4　プリント配線板にかかるストレス

ストレスの種類	ストレスの印加時点	ストレスの工程		ストレス条件	備考
加熱によるストレス	部品の搭載時	装入実装	フローソルダーリング	230～260℃　2～5秒	
		表面実装	リフローソルダーリング フローソルダーリング	230～250℃　10～60秒 230～260℃　2～5秒	
		ワイヤボンディング	超音波溶接	230～260℃　10～60秒	
		フリップチップボンディング	リフローソルダーリング	230～250℃　10～60秒	
	部品の交換時	修理　ホットエア 　　　はんだ鏝		250℃程度 250℃程度で手作業で行い、力も加わる	
	装置の放置時	屋外放置		8～120℃+	自動車の屋外放置が多い
	装置の稼働時	回路部品の発熱		使用中 60～80℃	多くは冷却し、高温にならないように対策
加湿によるストレス	装置の放置時	輸送、保管時			最近は包装が厳しく少ない
		設置期間		室温、 85～100%RH	建築中の設置などが危険
		装置の一時使用停止		室温、 85～100%RH	多湿時の空調の停止が危険となる

12.3 多層プリント配線板の信頼性

12.3.1 内在する欠陥

　多層板、ビルドアッププリント配線板では板の内部にあって、**図12.6**のように外部よりは見ることのできない欠陥があります。これらは断面によって観察されます。穴内のものが多いのですが、基材の内部でも見られることがあります。このようなものには前記の製造パネルに添付したクーポンによる保証を行うとともに、製造するテストパターンや製品を用いて定期的に製造し、各種の破壊試験を行なって現在の製品の品質の程度を調査しています。これによって内在する欠陥が分かり、改善することにより製品の品質は向上し、信頼性は高くなります。

12.3.2 テストパターン

　テストクーポンによる測定は、数多くのデータを得ることができますが、パネルの周辺に添付しているので、製品の特性を完全に表すことは出来ません。製品と同じ程度のテストパターンを持つプリント配線板を定期的に製造し、破壊検査を行い自己の工場の工程能力の推定を行います。

　テストパターンによる試験の項目は前記、テストクーポンで説明した項目の他に、さらに、信頼性試験として長期の熱ショック試験、加湿劣化試験、あるいは、機械的な衝撃テスト、落下試験などを行い、導体抵抗値、絶縁抵抗値などのの特性の変化を評価し故障解析を行います。

12.3.3 プリント配線板にかかるストレスと環境試験

　プリント配線板は、使用中の環境の変化による劣化が問題となっています。プリント配線板が完成した後、部品実装、機器の稼働中でのストレスを**表12.4**に示します。

　表面実装となり部品実装工程での熱ストレスが厳しくなってきています。表面実装では、はんだ付けが１回で終わらず２回以上のストレスに晒されることが多く、また、鉛フリーはんだのなかには溶融温度が高温のものがあります。材料の耐熱性

表12.5　環境試験法と条件

	試験項目	試験方法と条件	測定項目
熱衝撃試験	熱衝撃試験（サイクル試験）（気相、液相）（JIS C5012,9.2）	1サイクル　−65℃ 15分or30分 ⇔ 125℃※ 30分　直接、高温、低温チャンバーに移送3分以内に指定の温度にする。※：耐熱樹脂は175℃	チャンバー内での導体抵抗変化取り出して外観検査
	熱衝撃試験（高温浸せき）（JIS C5012,9.3）	1サイクル　260℃ 3〜5秒 シリコーン油など ⇔ 常温 20秒 シリコーン油など　移送15秒以内	1サイクル終了後の導体抵抗変化
	熱衝撃試験（サンドバス）（IECPub 326-2 Part2,TM 9.9.2）	1サイクル　260℃ 20秒 流動床サンド浴 ⇔ 15〜35℃ 水浴　移送15秒以内	1サイクル終了後の導体抵抗変化
加湿絶縁試験	温湿度サイクル試験（MIL275）	90-98%RH、A、25℃、2.5-3.0-2.5-2.5-3.0-2.5、1サイクル、時間、MIL275 A:65℃	試験中の絶縁抵抗取り出して耐電圧、外観検査　試験中、電圧を印加することもある
	耐湿性試験（定常加湿）	温度／湿度　I：85℃／85%RH　II：40℃／90〜95%RH　電圧を印加することが多い	試験中の絶縁抵抗取り出して耐電圧、外観検査
	（不飽和）HAST (Highly Accelerated temperature & humidity Stress Test)	EIA/JESD 22-A1 10-A　130℃ 85%RH 96時間　IEC-68-2-66　110℃ 85%RH 96/192/408時間　120℃ 85%RH 48/96/192時間　130℃ 85%RH 14/48/96時間	絶縁抵抗測定外観検査腐食による接続不良
	（飽和）PCT (Pressure Cooker Test)	EIA/J SD-121-1985 (蒸気加圧試験)　JESD-A-B(1991):121℃2atom 2hrs, max, 8hrs　IPC-TM-650,2.6,16:15 psig　30min-500°F はんだ浸せき	絶縁抵抗測定外観検査腐食による接続不良

とともに、信頼性にも影響してきています。装置の稼働時はLSI、発熱部品からの発熱に対し冷却が行われるので、装置内で異常に高温になることはほとんどなくなっています。

　湿度の影響については、空調された室で稼働している装置が、夏季の夜間や夏季休業などにより装置を停止することがあり、同時に空調装置も切断してしまいます。これにより機器、装置は高湿状態になることがあり、電源の再投入時に空調装置を稼働させると冷却した空気で板の上が結露状態になることがあります。これがマイグレーションの発生の原因ともなっています。

　一般に、信頼性については故障率の変化により、初期故障期、偶発的故障期、摩耗故障期に分けられますが、プリント配線板の場合、信頼性に影響する欠陥のほとんどが経験的に潜在する製造時の欠陥によるものと考えられています。

　プリント配線板の接続の信頼性では、めっきの伸びや抗張力不足、樹脂スミア、内層とのめっきの密着性低下など、絶縁の信頼性ではガラス繊維への液浸透、基板内の微細なクラックなどによることが多いと考えられています。

　装置を使用している環境条件により、これらの潜在欠陥が徐々に顕在化することで故障になります。このために、**表12.5**に示すような環境試験を実施し、早期に発見し、寿命を推定しています。これらの条件は公的な規格で規定されています。接続の信頼性の評価試験には熱衝撃試験が用いられ、低温と高温の間を一定の間隔で移動するサイクル衝撃試験が最も標準的です。しかし、テストの条件の選択が企業により多様で、相互の比較を困難にしています。熱衝撃試験（サイクル試験）は標準の試験法となっていますが、時間がかかるので、短期に評価するために高温側をはんだ付け温度のシリコン油、低温側は室温とした熱ショック試験をすることがあります。

　絶縁の信頼性の評価の試験法には、水分の存在が必要なため加湿絶縁試験を行います。表12.5のように色々ありますが、85℃/85%RHの定常加湿試験が標準的です。HAST、PCTは条件は規格がないもので、有機樹脂の試験としては過酷なもので図**12.7**のように短時間でエポキシの重量減少が見られます。

　公的の規定がないのに拘わらず、多くの企業が適用しており、適用の可否の問題が議論されています。

　環境試験はすべて破壊試験で、試料は抜取により行われます。欠陥の故障解析をし、製造工程にフィードバックして改善することが重要なこととなります。

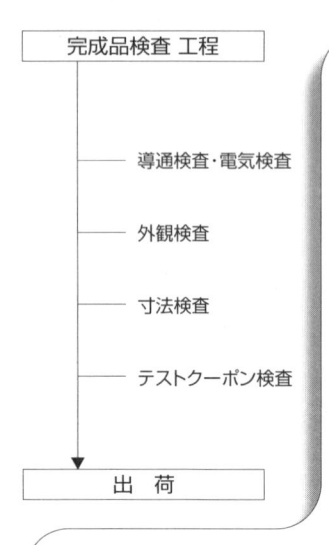

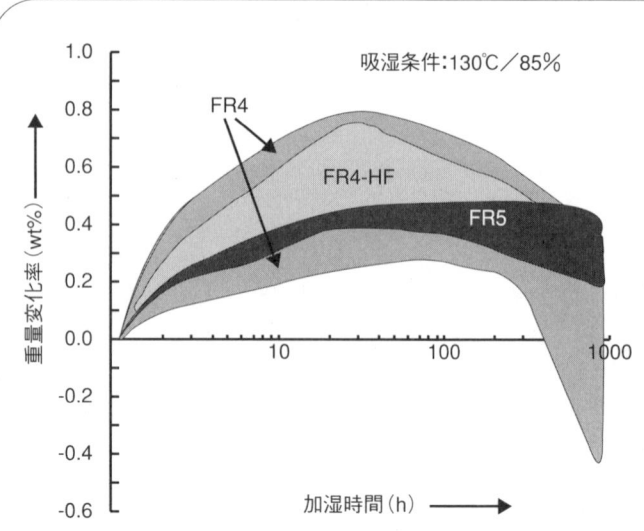

図12.7　HAST130℃85%RHにおける重量変化
（エレクトロニクス実装学会加速寿命試験法検討研究会公開講演会資料　2002年12月）

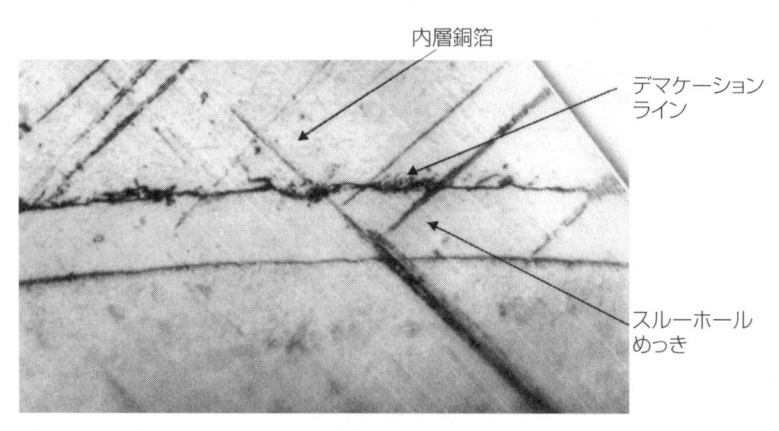

図12.8　内層スルーホールの密着不良

12.3.4 故障の解析

プリント配線板の信頼性を高めるには、故障の解析が大切です。これまで経験したいくつかの解析例を示します。

(1)接続の信頼性

めっきスルーホール法の多層プリント配線板や微小ビア接続を持つビルドアッププリント配線板の接続の信頼性はめっき物性、めっきの密着性不良、めっきボイド、不均一めっき、樹脂スミアなどにより影響されます。ここにあげた欠陥は、ほとんどがスルーホールの内部で、外部からの外観や電気測定では発見できないものです。

めっきスルーホールの信頼性は基板材料とスルーホールめっきの熱膨張率の違いで応力がコーナー部にかかり、めっきの厚さや伸びや抗張力などの物性が適当でないと図12.6のようにコーナークラックによる断線が発生します。伸びが小さく、抗張力が小さく脆いめっきではコーナークラックが発生しやすいので、めっき条件の設定、管理が大変重要です。最近では、板厚が小さいプリント配線板が多く、厚さ方向のストレスが小さくなり、めっき厚も小さくなる方向にありますが、接続の信頼性には十分注意することが必要です。ブラインドビアの信頼性もめっきの状態に大きく影響されますが、めっきスルーホールと同様、高い信頼性があることが、多くの研究により示されています。

スミアの発生が著しいと接続の信頼性を悪くします。しかし、現在ではデスミアの工程が標準化しているので、問題はなくなっています。むしろ、内層の端面に析出するめっきの接続の信頼性が重要になります。内層の導体とめっきの接続はプリント配線板が完成したとき判定できず、はんだ付けなどの熱がかかる時に顕在化するので深刻な問題となります。

接続不良を起こしたときの断面は**図12.8**のように、めっきの境のデマケーションラインが非常に汚い状態でした。無電解銅めっきやその前の処理に関する条件が重要なことが分かります。

(2)絶縁の信頼性

プリント配線板の導体を支持する絶縁基板の絶縁の信頼性は非常に重要です。これが悪いとプリント配線板として機能しなくなり、特に、最近の高密度化、ファインピッチ化、薄型化で高い絶縁状態を保持することは大変に重要なことになってきています。

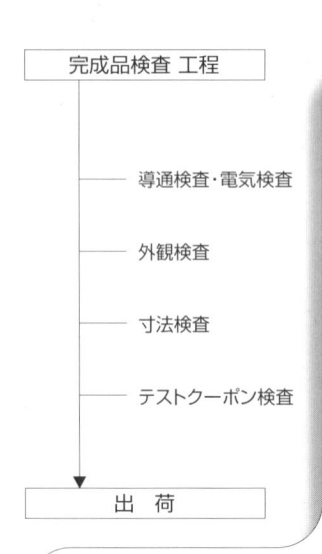

完成品検査 工程
├─ 導通検査・電気検査
├─ 外観検査
├─ 寸法検査
└─ テストクーポン検査
↓
出 荷

図12.9 ランドと信号線のマイグレーション

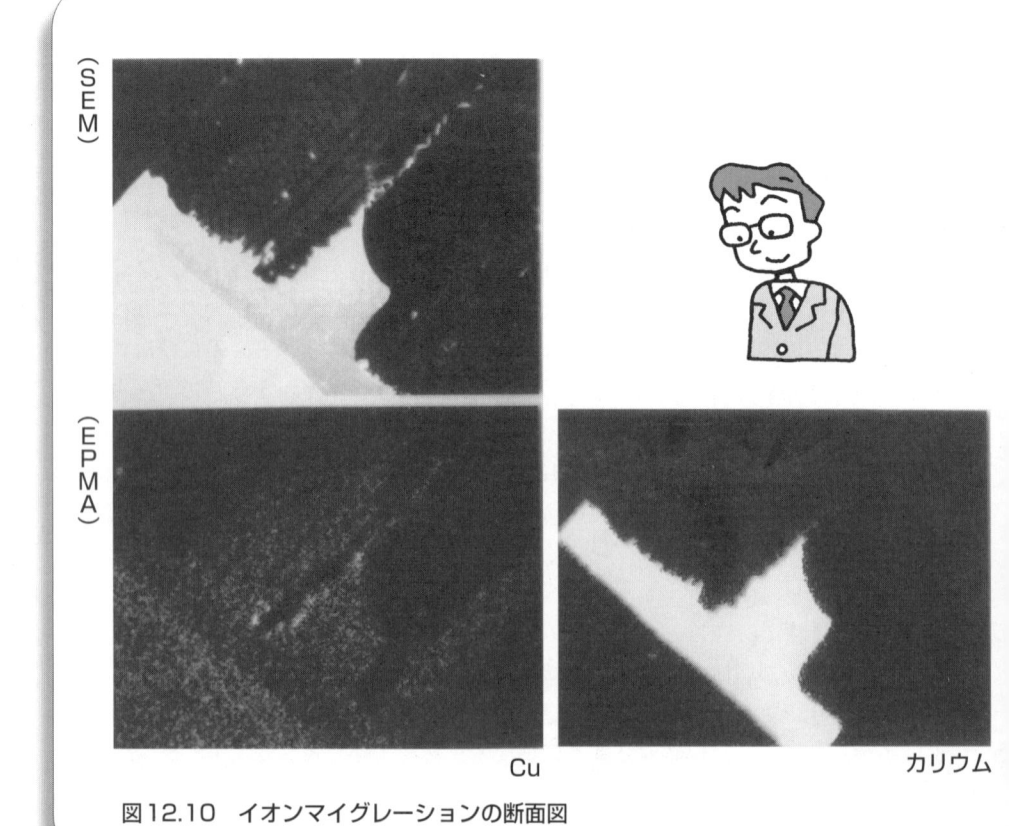

(SEM)

(EPMA)

Cu

カリウム

図12.10 イオンマイグレーションの断面図

絶縁劣化は、電極間でイオンのマイグレーションが起こることによります。その条件は、
1）電極間に電圧が印加されている
2）イオンの移動するわずかな間隙がある
3）イオン化する水分がある
4）イオン性の物質が存在する

ということが不可欠です。電子機器なので電圧がかかるのは当然です。さらに、絶縁基板内に層間剥離、銅箔との界面の剥離、各種処理液の浸透、絶縁体内の不純物の存在、絶縁材料の劣化などがあると絶縁不良を引き起こします。有機絶縁体内にイオンが移動する微細な間隙があると、加湿下で吸湿し、その間隙が水で満たされます。間隙が小さくなるほど低い蒸気圧でも内部は飽和蒸気圧になりますので、外部が80%RHでも、樹脂の中は100%RHとなります。

　銅張積層板ではガラス繊維に沿ったマイグレーション（Conductive Anodic Filament (CAF)）と呼ばれる現象があります。ガラス繊維／樹脂界面はカップリング剤、樹脂硬化剤があり、複雑な系となっていますが、樹脂とガラスの間に微細な剥離があると発生すると考えられます。最近の樹脂―ガラス間の接着性は向上しており、この現象の発生は、非常に減少しています。

　イオンのマイグレーションにより銅がデンドライト状に析出し、多層プリント配線板の内層をショートした例が図12.9、12.10です。このときの電解銅めっきはカリウムを含むアルカリ性のピロ燐酸銅浴を用いたものですが、めっきスルーホール内に残ったカリウムイオンが内層に浸透し、マイグレーションを起こしました。このイオンが浸透した微細な間隙は銅箔の防錆に用いたクロメートにより、エポキシ樹脂の接着性が小さくなり、剥離したものと推定されました。その他の因子も関係しましたが、機器の使用により電圧がかかりマイグレーションで銅が対極に針状に析出し、ショートしたものです。その後、電解銅めっきは酸性銅めっきが普及し、エポキシ樹脂の不純物、クロメートの量が減少してきましたので信頼性の高い銅張積層板となっております。

　このように絶縁の劣化は使用する材料、製造プロセスに大きく依存するので、多層プリント配線板の構成材料である樹脂、ガラス繊維、カップリング剤、銅箔の表面処理や製造プロセス内で穴あけ、めっき、洗浄、製造パネルの取り扱いなどについて十分に注意することが重要なこととなります。

第13章 プリント配線板の絶縁材料

　プリント配線板は絶縁基板の上に導体パターンを形成しますが、この絶縁基板にはリジッド板とフレキシブル板があります。プリント配線板の多くはリジッド板を用いられますが、最近、ビルドアッププリント配線板やフレキシブル板を用いるプリント配線板の生産量が大きくなっています。ここでは、プリント配線板に使われる各種絶縁材料を取り上げます。

13.1 リジッド用銅張積層板

　銅張積層板は**図13.1**に示すように、ガラス布などの基材、それに含浸した樹脂、上下に接着された銅箔より構成されています。このように、いくつかの材料を重ね、熱プレスにより、加熱加圧を行い板にしたものを銅箔積層板といいます。
　樹脂は現在のところ加熱することで硬化する熱硬化性樹脂が用いられています。一部には、加熱すると何度でも軟化する熱可塑性樹脂のうち耐熱性のあるものを用

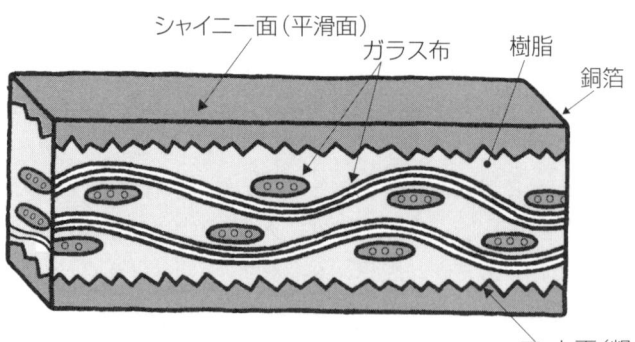

図13.1　銅張積層板の断面構造

いることもあります。熱硬化性樹脂として用いられるものにはフェノール樹脂、エポキシ樹脂がほとんどで、この他に、ポリイミド（イミド樹脂）、ビスマレイミドトリアジン樹脂(BT樹脂)、ポリフェニレンエーテル(PPE)などがあります。また、熱可塑性樹脂で代表的な樹脂はテトラフルオロエチレン樹脂(PTFE)です。

　基材には、低コストのものには紙基材、めっきを適用するものにはガラス布基材が用いられます。その他、ガラス不織布、有機繊維不織布（アラミッド繊維、液晶ポリマー繊維など）があります。

　銅箔は電解法で作られる電解銅箔が用いられ、この銅箔は片面が平滑なシャイニー面、反対側が粗面としたマット面を持っています。

13.1.1 銅張積層板の製造工程

　銅張積層板は図13.2のワニスの塗工、乾燥する工程と図13.3の積層編成と積層プレス工程を経て作られます。図13.2に示すように、樹脂原料をタンクで調合し、塗工工程で、基材となる紙またはガラス布などを樹脂の溶液を通して樹脂を含浸、量

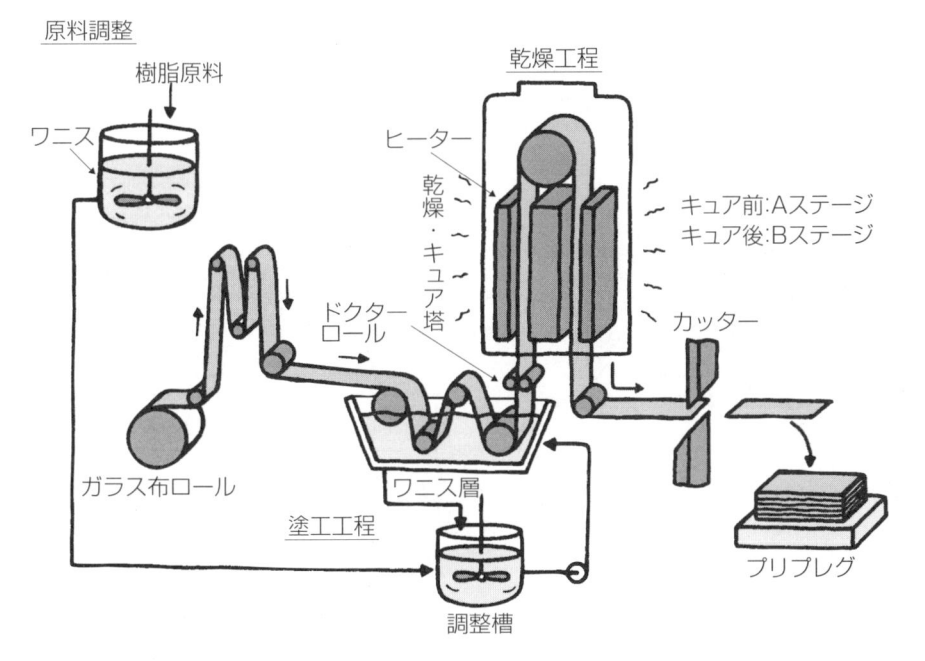

図13.2　プリプレグ塗布乾燥装置（トリーター）

を調節した上で乾燥装置で溶剤を除去、樹脂の重合度の調整を行い、プリプレグとし切断のうえ積層工程に送ります。

プリプレグは樹脂を半硬化状にしたもので、これをBステージの樹脂といいます。次の積層プレスで加熱されると、再び溶融して固化します。この最終的に固化した状態をCステージの樹脂といいます。

積層は図13.3のようにプリプレグと銅箔とを指定通りに組み合わせ、ステンレス板(鏡板といいます)の間に挟み、積層プレスに置き、加熱加圧して銅張積層板とします。この後、流出した樹脂を切断、さらに、プリント配線板メーカー指定の大きさに切断し、端面をきれいにしてから包装し出荷します。

13.1.2 積層板用樹脂の特性

現在、積層板に用いる樹脂は、そのほとんどが熱硬化性樹脂です。前記のように基材に含浸した樹脂はBステージのプリプレグを作成し、このプリプレグを積層プレスにより加熱加圧して固化し、銅箔と接着して銅張積層板としています。ここに使用される樹脂には次のようなものがあります。

(1)フェノール樹脂

フェノール類とホルムアルデヒドをアンモニア触媒下で縮合重合させ樹脂とした

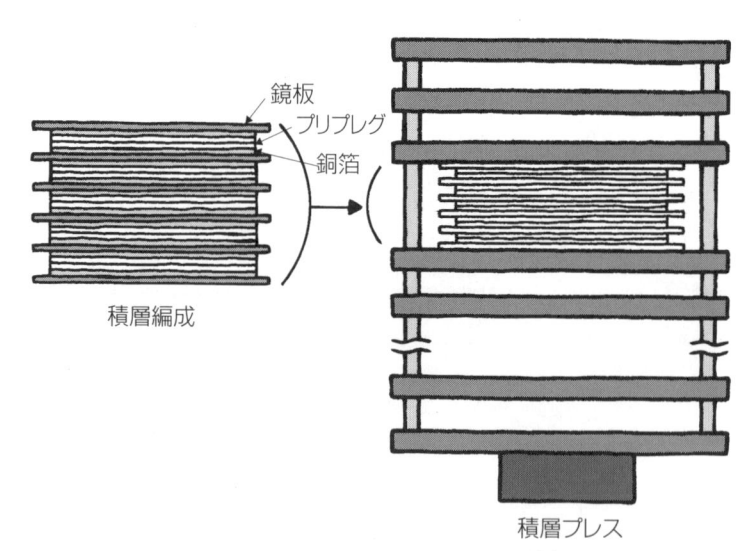

図13.3 銅箔積層板の配置製造設置の模型図　積層編成の例

ものです。この樹脂は紙基材を用いて、銅張積層板としています。高度でなくコストを優先する電子機器に用いられ、機器の程度に応じた電気絶縁性、耐電圧特性を持つものです。

(2) エポキシ樹脂

　ビスフェノールAとエピクロルヒドリンを重合した樹脂を主体とし、これに硬化剤を加えてコンパウンドとしてプリプレグを作ります。安全のために銅張積層板は難燃のものとしています。従来は臭素化ビスフェノールAを用いたエポキシ樹脂が使われていましたが、最近、ハロゲン化合物の焼却によりダイオキシンが発生するという問題で、通常のビスフェノールAに、リン系や窒素系の難燃剤及び無機水酸化物などを加えたエポキシ樹脂組成として難燃性を持たせたものが使用されるようになってきました。しかし、これまでも臭素化エポキシ樹脂を含むものは焼却しないものなので、まだ議論の残るところかもしれません。携帯電話など小型機器など発火などが起きたことのない機器にはもっと簡略化し、難燃性は必要と考えられます。

　エポキシ樹脂を用いた銅張積層板は電気絶縁性、耐湿性に優れ、耐薬品性も良好です。このためエポキシ樹脂は最もバランスの取れた樹脂として広く用いられています。

(3) イミド樹脂（ポリイミド）

　ビスマレイミドなどジアミン化合物と無水マレイン酸とを重合した樹脂です。高価なものですが、電気絶縁性、耐熱性に優れたもので、難燃性もあります。誘電特性や高温寸法安定性も優れているので、高密度・高多層プリント配線板用の材料として使われています。

(4) ビスマレイミドトリアジン樹脂（BT樹脂）

　ビスマレイミドとトリアジン化合物を重合して作られた樹脂で、日本で開発されたものです。やや高価ですが、イミド樹脂と同様に電気特性、耐熱性優れた特性を持っています。LSIのパッケージのインターポーザーなどに用いられています。

(5) アリル化フェニレンエーテル樹脂

　フェニレンエーテル樹脂(PPE)あるいはフェニレンオキサイド樹脂といわれるも

のをアリル化して熱硬化性にしたものです。この樹脂は誘電率が他の樹脂に比べ低く、しかも電気特性、耐熱性などが優れているので、低誘電率材積層板として注目されているものです。

(6) 熱可塑性樹脂

プリント配線板に使われる樹脂は熱硬化性樹脂ですが、一部で、熱可塑性樹脂のプリント配線板も考えられています。熱可塑性樹脂にはテトラフルオロエチレン樹脂、エーテルスルフォン樹脂、液晶ポリマーなどがあります。銅を接着して片面板、両面板として用いることは可能ですが、多層板として用いる場合、層間を接着するためのボンディングシートとパターンを持つコア基板との溶融温度を変えるため、耐熱性などの点で使うのがむずかしくなります。

テトラフルオロエチレン樹脂は誘電率、誘電損失が最も低く、絶縁特性も優れた材料です。この材料の溶融温度は400℃と非常に高いもので、熱プレスなどは高温型の特殊なものを用意しますが、特性が良いので超高周波領域で使われています。他の材料については実用化の段階にはなっていません。

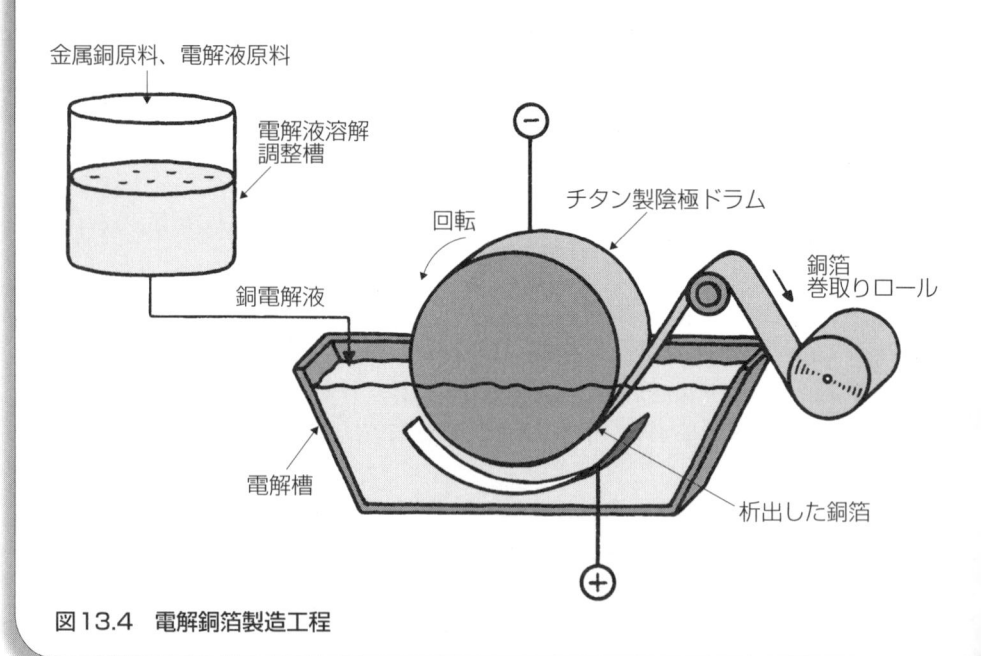

図13.4　電解銅箔製造工程

13.1.3 銅箔

リジッド板用の銅箔は、ほとんどの場合、電解銅箔が用いられます。99.8%の純度を持っています。

製造は、**図13.4**の製造工程で鏡面のチタンドラム電極に銅を析出させ、所定の厚さとなったところでロールに巻き取ります。銅箔の電解液側はプリプレグと熱圧着するために粗面としています。

さらに、接着力を向上させるために粗面化のめっきを行って微細な凹凸を形成、その後、Zn、Niなどのめっき、防錆処理などをしています。ドラム側の平滑面にも防錆処理を行っています。銅箔の厚さは、1平方フィートの重量をオンス (oz)で表し、1ozが約35 μm となります。これより、1/4oz :約9 μm、1/3oz :約12 μm、1/2oz :約18 μm、2oz :約70 μm... となります。一般的には12〜70 μm のものが多く用いられています。

13.1.4 基材

基材は樹脂を含浸させてプリプレグとし、積層板としたときの強度や寸法安定性を保持する役目を持っています。種類としては次のようなものが使われています。

(1) 紙

綿の実からとった短繊維を抄紙したコットンリンター紙、広葉樹の繊維よりのクラフト紙、リンター紙とクラフト紙を混合して抄紙した混抄紙などがあります。フェノール樹脂を含浸して銅張積層板としたものが最も多く用いられています。安価で樹脂の含浸が容易、積層板としての加工性も優れていますが、電気的特性、耐熱性はガラス布のものに比べ劣ります。エポキシ樹脂やポリエステル樹脂を含浸することもあります。

(2) ガラス布（ガラスクロス）

直径3〜15 μm 径のガラス繊維を100本以上を合わせて紡糸したヤーンと呼ぶ糸束を縦糸、横糸にして織った布で、銅張積層板に使われるガラス布は平織りがほとんどです。この布にエポキシ樹脂、イミド樹脂などのワニスを含浸、プリプレグを作ります。電気絶縁性のよいガラスの組成としたものをEガラスといい、樹脂の特性と合わせて、電気特性、耐熱性、機械的特性に優れた銅張積層板とすることができます。樹脂とガラスの性質に差があり、穴加工性などが良くない欠点があります。

(3) ガラス不織布

　長さ6～25μmのガラス短繊維にエポキシ樹脂などの結合剤を加えて紙のように漉いてマット状にしたものです。これにエポキシ樹脂を含浸させプリプレグとします。ガラス布－エポキシ樹脂プリプレグと組み合わせて複合材（コンポジット材）として使われます。ガラス布に比べて安価といわれ、銅張積層板としたときの性能はガラス布積層板に近い特性となりますが、寸法安定性はやや良くないため樹脂にフィラーを入れるなどをしています。多層プリント配線板には用いません。

(4) 合成繊維布

　アラミド繊維不織布、液晶ポリマー不織布などがあります。エポキシ樹脂などを含浸させプリプレグとします。これらの繊維は低誘電特性を持ち、他の電気特性も優れています。特にアラミド繊維紙布は耐熱性、耐燃性のほか、寸法安定性も優れています。また、有機材料なので、レーザの加工がガラスより容易にできる特徴があります。

13.1.5 銅張積層板の種類

　上記のように、銅張積層板は樹脂、基材、銅箔より構成します。樹脂は熱硬化性のものがほとんどです。これらの樹脂は脆いので、基材を担体としています。銅箔は片面は平滑で、反対面は樹脂との接着性を良くするために粗面にしています。ガラス布などは樹脂との接着性を向上するために、ガラス表面にカップリング剤をコーティングして使用します。銅箔はパターン作成に用いるので、仕様により種々の厚さのものが用意されています。積層板の正式名称は長いので、簡略化して、紙フェノール材、ガラスエポキシ材などと呼ばれています。

(1) 紙基材フェノール樹脂銅張積層板

　基材として紙、樹脂としてフェノールを用いた銅張積層板です。銅箔との接着をよくするために、銅箔に接着材をコーティングします。

　この材料は片面板、両面板がありますが、紙基材はめっきには向かないので、めっきスルーホールは行いません。また、電気特性、機械的特性などもガラスエポキシ材に比べ劣ります。プリント配線板にはプリントエッチング、フォトエッチング法で作られます。両面プリント配線板の表裏導通には導電性ペーストが用いられています。積層板のコストが安いので、比較的低コストの電子機器に用いられます。

(2) ガラス布基材エポキシ樹脂銅張積層板

めっきスルーホール法による両面、多層のプリント配線板の絶縁基板として使われているガラス布を基材としたエポキシ樹脂の銅張積層板です。複合材で複雑な挙動を示しますが、電気特性、機械的特性などに優れており、バランスの取れたものです。多層プリント配線板の材料として主要なものとなっており、最も多く使われています。ガラス布の薄いものではフィルムほどではありませんが、フレキシビリティがあるので、その用途に使われることもあります。

多層プリント配線板はより高密度、高精度のもとなっているので、要求が厳しくなっています。このために樹脂、ガラス布、積層板の製造について絶えず技術開発、改良が行われています。

(3) ガラス布基材耐熱性樹脂銅張積層板

耐熱性樹脂として、イミド樹脂、BT樹脂、PPE樹脂などがあります。エポキシ樹脂に比べ耐熱性が高く、寸法安定性に優れています。多層板の製造でスミアが少なく、位置精度もよくなり、高温での実装、高温での使用が可能になり、電子機器にとって使い易い材料です。しかし、価格が高いのが問題で、パッケージ基板など特殊な用途に用いられています。

(4) 低誘電率樹脂銅張積層板

プリント配線板の電気特性改善のために、比誘電率の低い材料が求められています。ガラス布エポキシ材について改善したものもありますが、前記のイミド樹脂、BT樹脂、PPE樹脂や熱可塑性のテトラフルオロエチレン樹脂(PTFE)を用い、ガラス布を基材として低誘電率化がした積層板が開発されています。これらの樹脂は電気特性とともに耐熱性の良いものとなっています。今後の高周波対応の材料として有望なものです。

ガラス布として、特に低誘電率を必要とする場合、ガラスも低誘電率を持つDガラスなどを用いることがありますが、これらは高価ですし、材料の製造、プリント配線板の加工に問題があり、極特殊な場合にしか用いられません。

13.1.6 銅張積層板の必要特性

銅張積層板には基板の加工、部品の実装、機器の稼働のそれぞれに応じた特性の必要事項があります。その特性としては次のようなものが挙げられます。

(1) プリント配線板加工時の必要特性

プリント配線板を加工するうえで、品質の良いものを作るためには次のような特性が求められます。

- 寸法安定性
- 耐熱性
- 平滑性
- 接着性
- そり,ねじれ
- 穴加工性と低レジンスミア性
- めっき性
- 耐薬品性

このような特性が十分でないと次のような欠陥の原因になります。例えば、

寸法安定性が悪いと多層積層時に層間の位置がずれ，スルーホールとパターンの接続や絶縁の不良となります。耐熱性が低いと製造工程での乾燥，ソルダーコーティングなどの加熱において，ふくれ，はがれ，ミーズリングなどの障害が発生することになります。樹脂の耐熱性はガラス転移温度(Glass transition temperature，Tg)が1つの目安となっています。平滑性がなく、ガラス繊維束などの凹凸があると微細パターンの加工でパターンの再現性が悪くなります。また、積層板にそり,ねじれがあると，パターン作成時の位置合わせや積層編成においてずれを生じます。

ドリル加工時には切削熱が発生し、樹脂スミアが発生します。デスミアを行いますが、少ないほうがより良い品質になります。また、穴内は平滑でなくガラス繊維のほつれが出るとめっき液などの浸透、めっきの層の欠陥などが発生します。

めっきを行っている間に積層板の添加成分の溶出があるとめっき液を汚染し、異常析出の原因にもなります。

プリント配線板の加工工程を通して，酸，アルカリ，有機溶剤など数多くの薬品処理が行われているので、これらの薬品に侵され，浸透し、また変色，特性の劣化が起こると不良の原因になります。これらのためにも、十分な特性を確保することが重要です。

(2) 部品実装時の必要特性

プリント配線板がユーザーに渡り、部品の実装を行う上で次のような特性が必要です。

- 寸法安定性
- はんだ耐熱性
- そり，ねじれ
- 銅箔の引きはがし強さ
- 曲げ強度

寸法安定性が悪いと位置精度も悪くなり電子部品の搭載精度が悪くなります。はんだ耐熱性が低いとその後のはんだ付けで絶縁基板は高温に曝されたとき、ふくれ，はがれ，ミーズリング，ブローホールなどの発生が起こります。そり，ねじれが大きいと部品搭載精度を悪くし、また、はんだ付けの後にそりが進行すると、はんだのクリープが起こり接続不良となることがあります。銅箔の引きはがし強さも弱いと、銅箔とともに部品が外れることがあります。曲げ強度が小さいと、部品の重量で変形するようになり、使用することができなくなります。したがって、これらの十分な特性を確保することが重要です。

(3) 機器動作時の必要特性
- 電気絶縁性
- 電気特性
- コネクタ端子部の板厚
- 信頼性
- 耐燃性

電子機器が安定に動作するためには、絶縁基板のマイグレーションがなく電気絶縁性、耐電圧が十分なこと、また、特性インピーダンス、伝播速度を満足し、めっきスルーホールに対する厚さ方向や細線パターンに対する面方向の伸縮が小さく、機器の長期安定性が得られるものであることが必要です。

13.2 ビルドアッププリント配線板用材料

　ビルドアッププリント配線板は、コア基板に絶縁層と導体層を交互に積み上げて多層プリント配線板としていくもので、そこに使う材料は従来のめっきスルーホール多層プリント配線板とは異なるものを使うようになりました。

　ビルドアッププロセスは、材料と穴あけ法で3種類に分類されます。これに応じ、絶縁材料も特殊なものを除き3種類に分類されます。その材料は感光性絶縁樹脂、熱硬化性樹脂、樹脂付き銅箔の3種類です。コア基板は既に説明しました多層プリント配線板です。

　これらの樹脂はそれぞれの形態に応じて基本樹脂、硬化剤、安定剤、添加剤、フィラーなどを配合しています。樹脂付き銅箔は銅箔に樹脂をコーティングし半硬化させたものです。感光性絶縁樹脂、熱硬化性樹脂については、液状のものとフィルム状のものがあります。液状のものは、原料を混合、ロール練りを行いコンパウンドとして容器に入れます。フィルム状のものは、配合した原料をマイラーフィルムの上に押し出し法などでコーティングし、この上にポリエチレンフィルムなどでカバーし、3層構造としています。これら材料はダイオキシンを意識して、ハロゲンフリーのものが開発され、ベアチップ搭載を考えた低熱膨張係数のものが開発されています。

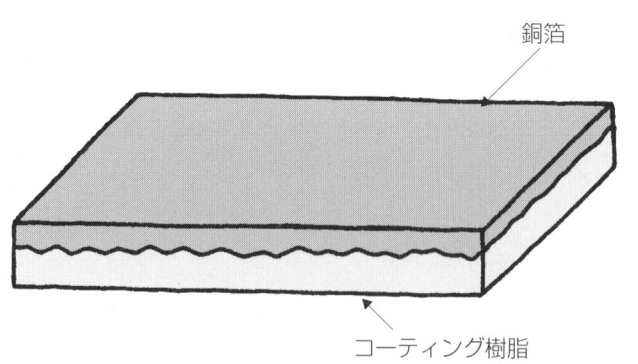

図13.5　樹脂付き銅箔の断面構造

13.2.1 樹脂付き銅箔

　これは従来の銅張積層板に用いられている銅箔に熱硬化性樹脂をコーティングし、乾燥工程で半硬化のBステージ樹脂にしたものです。その構造は図13.5に示したものです。銅箔の厚さは18 μm、12 μmのものが用いられていますが、特殊な場合、銅箔3～5 μm厚のものにコーティングしたものもあります。この銅箔と樹脂の厚さはユーザーの仕様により指定されています。従来の多層板を製造する積層プレスを用いてコア基板に接着することができます。

　銅箔があると取り扱いが容易になり、樹脂と銅箔の密着性もこれまでの銅張積層板と同程度のものとなります。また、積層プレスを用いることができるので、穴あけ法を除き、従来のめっきスルーホール法のプロセスを用いることができるので広く普及しています。この樹脂付き銅箔は積層板メーカーを中心に数多くのものが開発、製造されています。

　穴あけはレーザによって行われます。ビアの位置の銅箔をエッチングし、これをマスクとしてレーザで穴あけをする方法やレーザで銅箔を直接あける方法が用いられています。

13.2.2 熱硬化性樹脂

　この樹脂のビアの穴あけには、炭酸ガスレーザまたはUV-YAGレーザが用いられています。感光性は不要で各種の樹脂が使用でき、低誘電率材、耐熱材なども開発されています。樹脂とレーザとの関係を調査し、レーザの加工条件を検討することが必要となります。この樹脂には液状とフィルム状のものがあります。液状のものは基板上にスクリーン印刷やロールコーティング、カーテンコーティングなどで塗布しています。液状樹脂の厚さはコーティングの条件により調節しています。一般

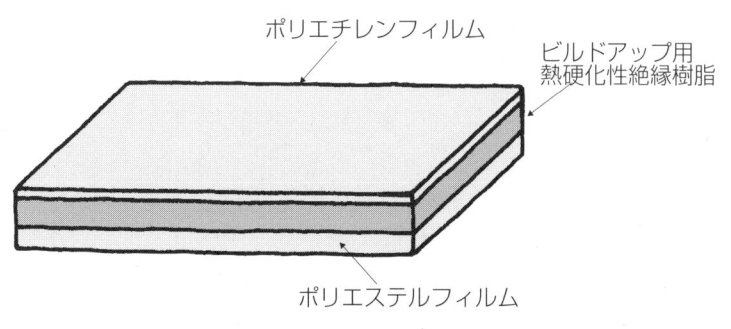

図13.6　熱硬化性樹脂フィルムの断面構造

に40μm程度としていますが、特性インピーダンスの整合のために30〜80μm程度とすることもあります。

フィルム状のものは、コア基板に真空ラミネータでラミネートして絶縁層を形成します。フィルム状のものは、**図13.6**のように絶縁樹脂をポリエステルフィルムとポリエチレンフィルムで挟んだ3層構造となっています。表面の導通化は無電解銅めっきにより行いますが、無電解銅めっきと樹脂のピール強度を確保するために、あらかじめ樹脂表面を粗化してアンカー効果が出るように、樹脂の配合を調整しています。現在、1.0〜1.2kg/cm程度のピール強度となっています。絶縁層厚さはメーカーにより指定の厚さに調節して供給されるので、積層した絶縁層の厚さは均一な被膜とすることができます。この樹脂を用いた場合、銅箔がないので、セミアディティブ法を適用することによりファインパターンを得るに適した材料です。

13.2.3 感光性絶縁樹脂

この材料は感光性ソルダーレジストより発展したものです。海外でビルドアップ用材料を開発しているメーカーには感光性絶縁樹脂が多くみられます。この樹脂では穴あけがパターンマスクにより紫外線露光、現像をすることで、ビアの穴を全面に一括してあけることができます。しかし、絶縁樹脂に感光基を付与しますので絶縁樹脂としての特性を完全に発揮できないことがあります。また、ビアの底部での解像性が落ちることもあり、使用するうえの難しさがあり、普及していません。

この樹脂の形態も液状のものとフィルム状のものがあり、液状のものは、熱硬化性樹脂と同じくスクリーン印刷法、カーテンコート法、ロールコート法、押し出しコート法などでコーティングされています。必要な厚さに均一にコーティングすることが要求されるので製造条件が重要です。

フィルム状のものは、凹凸のある面に真空ラミネータでラミネートされます。フィルムは均一な被膜を得ることができます。

ビアの穴あけはビアパターンマスクを通し、紫外線で露光し、現像しますが、現像液は樹脂の性質に合わせ、アルカリ水溶液、有機溶媒系のものがあります。アルカリ水溶液が取り扱い、廃液処理などで適しています。水溶性とする構造のため、絶縁特性への影響が考えられますが、日々開発が進み、次第に改善されています。有機溶媒を用いるものは樹脂の絶縁特性は優れたものです。

13.2.4 その他の材料

現在、ビルドアッププリント配線板に用いられている材料は前記の通りですが、このほかにも開発されています。上記の材料は比較的均質な材料ですが、樹脂層が必ずしも強いものではないので、これを補うために、ビルドアップの絶縁層に、銅箔と薄いプリプレグを積層する方法や片面銅張ガラス布積層板とプリプレグとを用いて積層する方法もあります。穴あけはレーザで銅箔、ガラス布とともに同時に穴あけをしています。強度を特に必要とする場合に用いられています。

　ALIVHとして紹介したものは、プリプレグはアラミッド繊維を用いた不織布にエポキシ樹脂を含浸したプリプレグを用い、導電性ペーストで層間接続をしています。有機材料なのでレーザ加工が容易です。しかし、最近ガラス布を用いるALIVHも作られています。

　B^2itは、銀ペーストバンプを形成してプリプレグを貫通させ、その後銅箔と接着するので、材料の種類を選ばないという特徴があります。このプロセスに適合した材料を選択していますが、多くはエポキシ樹脂系のプリプレグや液晶ポリマーなどが用いられています。このほか、ポリイミドフィルムなどの有機フィルムを用いるものも考えられています。

13.3 フレキシブルプリント配線板用材料

　柔軟性のあるフレキシブルプリント配線板の材料として、ポリエステルフィルムとポリイミドフィルムがあります。ポリエステルフィルムは熱で軟化する熱可塑性材料なので、はんだ付けはできません。導電性ペーストなどを印刷して用います。

　フレキシブルプリント配線板用材料として考えているのは主としてポリイミドフィルムで、銅箔は柔軟性を重視して、フレキシブルプリント配線板には一般には圧延銅箔を用いていますが、電解銅箔の使用も増加しております。

13.3.1　片面銅張ポリイミドフィルム

　ポリイミドフィルムは耐熱性が高い樹脂で、柔軟性に富んでいます。これに銅箔を積層してプリント配線板の材料としています。厚さは50μm、25μmをほぼ標

準としています。この銅箔の接着の構造には3層構造と2層構造のものがあります。

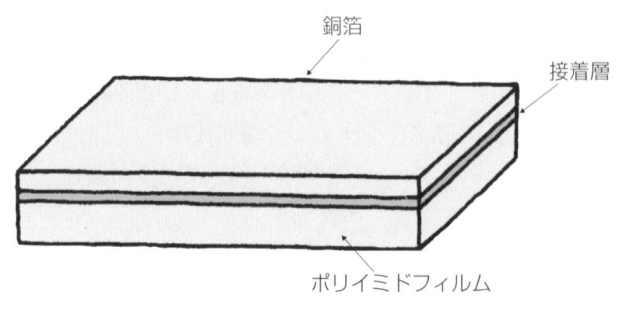

(1) 3層構造銅張ポリイミドフィルム

ポリイミドフィルムに接着剤をコーティングした銅箔を張り合わせたものです。

図13.7　3層構造銅張ポリイミドフィルム

フレキシブル板電解銅めっき装置
（写真提供：メルテックス（株）、日陽エンジニアリング（株））

図13.7のようにポリイミドフィルム、接着材層、銅箔と3層になっているので、3層フィルム（または、板）、3層構造などといっており、最も多く使われています。接着層は古くはエポキシ樹脂でしたが、最近は耐熱性が重視され、耐熱性エポキシ樹脂、または、ポリイミド接着材などが使われています。

(2) 2層構造銅張ポリイミドフィルム

前記の材料では、接着材層がポリイミドの耐熱性などの特性に適合しないものがあり、接着層のないものが求められてきました。それに応じて図13.8のような種々のものが開発されています。

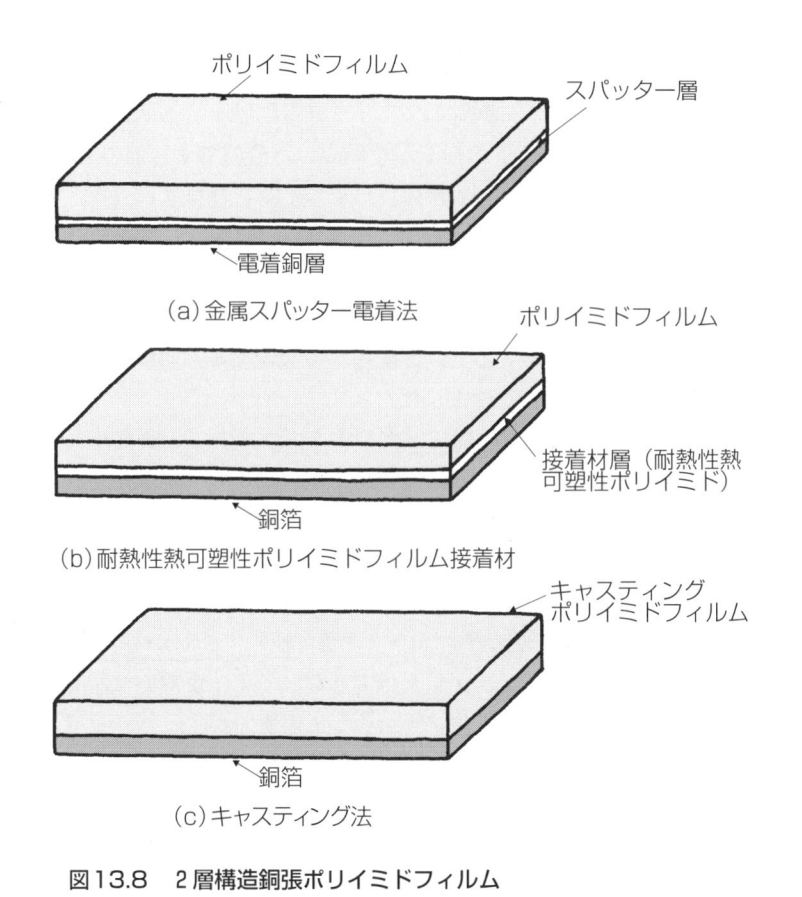

（a）金属スパッター電着法

（b）耐熱性熱可塑性ポリイミドフィルム接着材

（c）キャスティング法

図13.8　2層構造銅張ポリイミドフィルム

(a) スパッター法

この方法は、図13.8(a)のようにスパッターに適したポリイミドフィルムに真空中でNi・Crなどをスパッターしてフィルム表面を導通化し、その後、電解銅めっきにより必要な厚さの銅を析出させて作成します。Ni・Crの導電層を用いるとセミアディティブ法によるパターン作成が可能です。

(b) 耐熱性熱可塑性ポリイミド法

この方法は、耐熱性のある熱可塑性ポリイミドを図13.8(b)のように銅箔にコーティングし、ポリイミドフィルムと接着するものです。熱可塑性ですが、高温に耐えるので、通常の熱硬化性ポリイミドフィルムと同様に取り扱うことができます。

(c) キャスティング法

この方法は図13.8(c)のように銅箔の上にイミド系樹脂を流し込み硬化させるキャスティング法によりポリイミドの樹脂層を形成したものです。他のものと異なり、銅箔の上に樹脂層を作るので、密着性の良いものが得られます。

13.3.2 両面銅張ポリイミドフィルム

前節の片面銅張ポリイミドフィルムは片面配線のプリント配線板の作成に用います。しかし、配線の量が増加すると両面配線、多層配線が必要になります。このため材料も両面銅張板が必要となりました。

この場合、片面の3層構造と同様に、ポリイミドフィルムの両面に接着材をコーティングし銅箔を張り合わせるのが最も容易です。しかし、両面を使うものは、接着材のないものが望まれるので、2層方式を用いて作られます。

図13.8 (a)ではフィルムの両面にスパッターすることが可能で、これをめっきするので比較的容易に作ることができます。図13.8 (b)の方法も耐熱性熱可塑性ポリイミドを用い、樹脂層を溶融接着するので実現可能です。しかし、図13.8 (c)のキャスティング法は両面にキャスティングはできないので、反対側は耐熱性熱可塑性ポリイミド層をコーティングして銅箔を接着しています。

このようにして作られたポリイミド積層板は接着シートを用意することにより、ポリイミド材料による多層板、部分的に多層化するフレクスリジッド板を作る材料となります。

# 第14章 ビルドアッププリント配線板を製造するための工程

　ビルドアップ工程は1991年ごろより注目されるようになり、1998年頃より実用化されたものです。めっきスルーホール法に比べ、高密度の配線を作ることができるので急速に普及し、現在では日本ばかりでなく世界的に普及してきました。

　ビルドアップ工程の全体図を図14.1に示しました。この図には3つのプロセスが描いてあります。これは材料と穴あけの法により分類したものです。材料としては樹脂付銅箔、熱硬化性樹脂、感光性樹脂を用います。樹脂付銅箔には銅箔の処理でいくつかの流れができています。無電解銅めっきにより導通化した後の上部導体パターンを作成するための方法はパネルめっき法、パターンめっき法、セミアディティブ法、フルアディティブ法など用いられます。

　部品の支持をするなど強度を持たせるためにコア基板の上に構成します。このコア基板は前記のめっきスルーホールの両面板、多層板を用いています。このコア基板ももちろんビルドアップ層のパターン密度に近い高密度の配線をするようになっています。コア基板を用いず、樹脂層や金属板など支持板の片側にビルドアップ層を作るものもあります。

14.1
めっき法によるビルドアップ方式

(1) 樹脂付銅箔方式

　ビルドアップ製造工程としては、この材料が最も普及しています。樹脂付銅箔は銅箔に半硬化の絶縁樹脂をコーティングしたもので、銅箔の厚さは12〜18 μmのものを用います。場合によっては3〜5 μm 銅箔を用いることがあります。これをコア基板に積層プレスで積層、このあとレーザで穴あけを行います。その前に銅箔

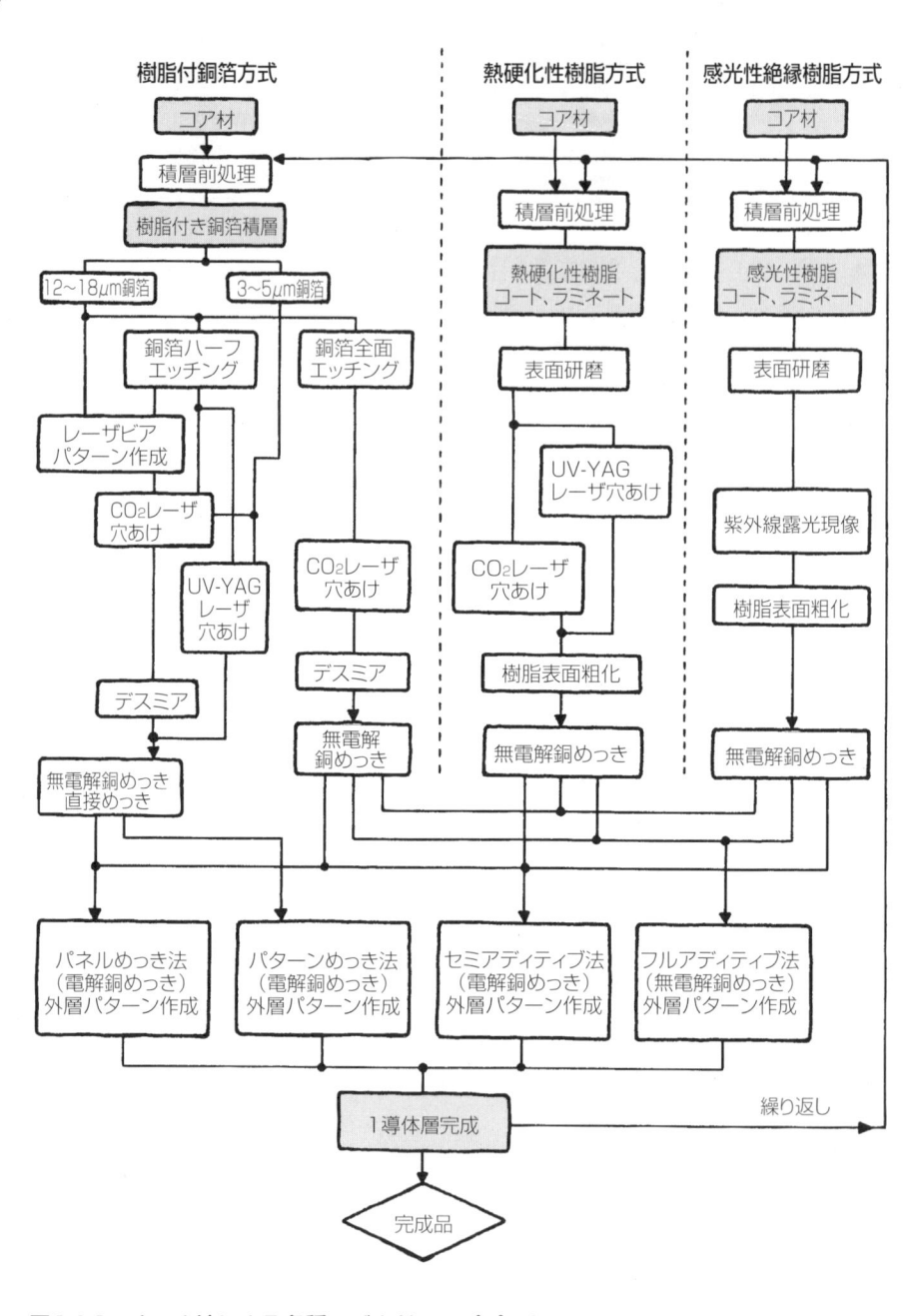

図14.1　めっき法による各種のビルドアッププロセス

の処理を行います。

　12～18 μmの厚さのものは、穴をあける位置にフォトエッチング法でレーザのマスクとなる穴パターンを作成する方法でこれをコンフォーマルマスク法といいます。また、3～5 μmの銅箔を用いるか、あるいは、ハーフエッチング法といって銅箔をエッチングで薄くすることにより銅箔を通して直接レーザで穴をあける方法、銅箔全部をエッチングして、無電解銅めっきの密着性を上げるために、銅箔の粗化面を転写した樹脂の凹凸面を利用する方法などがあります。

　このように、銅箔を処理した後、レーザで穴をあけます。レーザは炭酸ガスレーザが多く、微小な穴をあける場合、UV-YAGレーザが用いられます。穴内は無電解銅めっきで導通化し、その後、めっきと表面パターンの作成は前節のめっきスルーホール法で示した銅箔を持つ場合のパネルめっき法、パターンめっき法の何れかの工程で上部のパターンを作成し、1層のパターンができるので、これを繰り返して絶縁層、導体層を重ねていくことができます。

　図14.2は樹脂付き銅箔を用い、コンフォーマルマスクを作成して製造する工程を示したもので、このマスクを用いて炭酸ガスレーザで穴をあけ、無電解

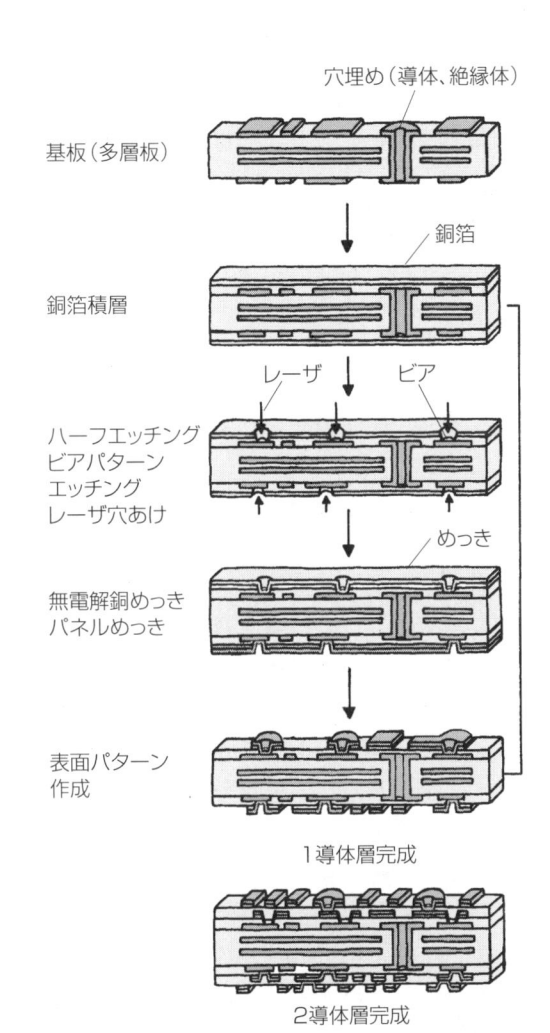

図14.2　樹脂付き銅箔を用いたビルドアッププロセス（銅箔マスク・レーザビア／パネルめっき法）

銅めっきで導通化します。次いでパネルめっき法を用い全面に電解銅めっきを行い、エッチングでパターンを作成したものです。パターンをエッチングしたところで、一層の導体パターンができるので、これまでの工程を繰り返すことにより、導体層を重ねていくことができます。無電解銅めっき以降のプロセスは、めっきスルーホール多層プリント配線板の工程と同じ工程となります。

(2) 熱硬化性樹脂方式

　この方法は銅箔を用いず、絶縁層を形成し、その上に導体パターンを作成するものです。工程は図14.3に示したものです。このプロセスでは絶縁層は液状のものをコーティングするか、フィルム状のものを加熱し真空で圧着するラミネート法で形成します。フィルム状のものが均一な厚さのものが得られます。この絶縁層にレーザで穴をあけ、この穴に無電解銅めっきで導通

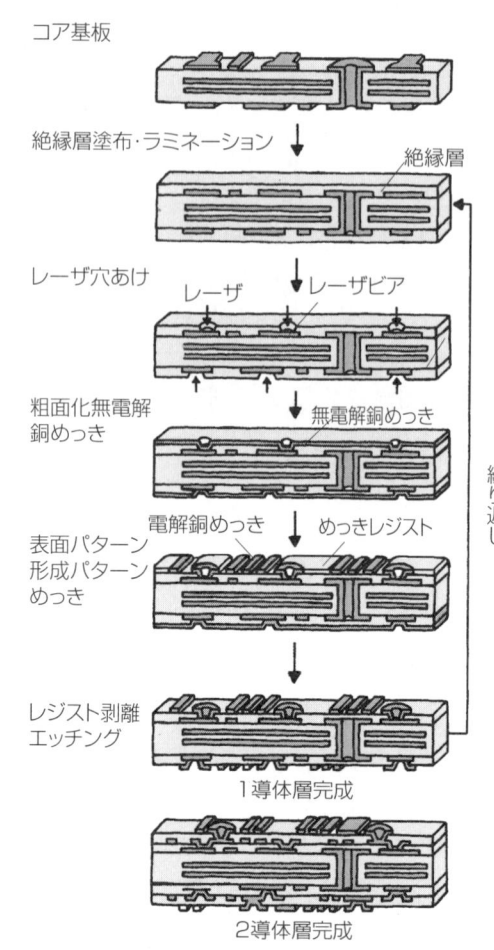

図14.3　レーザビア・パターンめっき法によるビルドアッププロセス

化します。この工程では銅箔を持たないので無電解銅めっきを全面に析出して導通化を行います。このとき、めっきの密着性を向上させるために、樹脂の組織を粗化し易いようにして、過マンガン酸塩で粗面化処理を行います。デスミア処理と同じですが、処理条件が異なります。上部導体パターンは電解銅めっきを全面に行うパネルめっき法とセミアディティブ法、フルアディティブ法を用いることができます。

この図ではセミアディティブ法でパターンを作成したものです。パターンをエッチングしたところで1層の導体パターンがでるので、これまでの工程を繰り返すことにより、導体層を重ねていくことができます。この方式はファインパターンを作成するに適した方法となっています。

(3) 感光性絶縁樹脂方式

絶縁樹脂として感光性絶縁樹脂を用いて作られるもので、図14.4に示すように、立体接続の穴をあける場合、前項のようにレーザを用いず、感光性ソルダーレジストの工程と同じようにマスクフィルムを通して紫外線を照射、現像することにより穴をあける方法です。全面に同時に穴を作ることができますが、材料の選択の幅が狭く、あまり普及しなくなりました。この工程も銅箔がないので、熱硬化性樹脂方式と同じく、樹脂の粗面化、無電解銅めっき後、電解銅めっきによるパネルめっき法とセミアディティブ法、フルアディティブ法を用いることができます。1層の導体層ができたところで、このプロセスを繰り返すことで、層を重ねることができます。

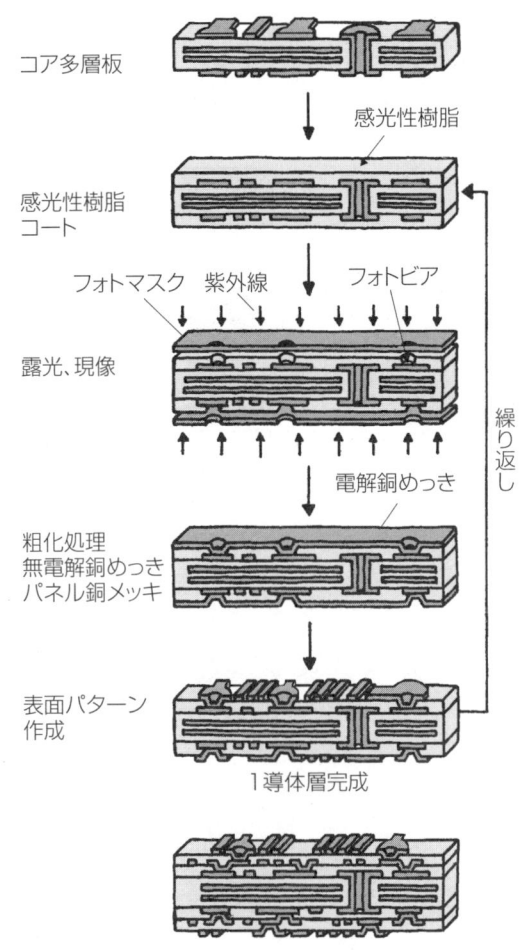

図14.4 フォトビア／パネルめっきによるビルドアッププロセス

(4) その他のめっき法によるビルドアップ方式

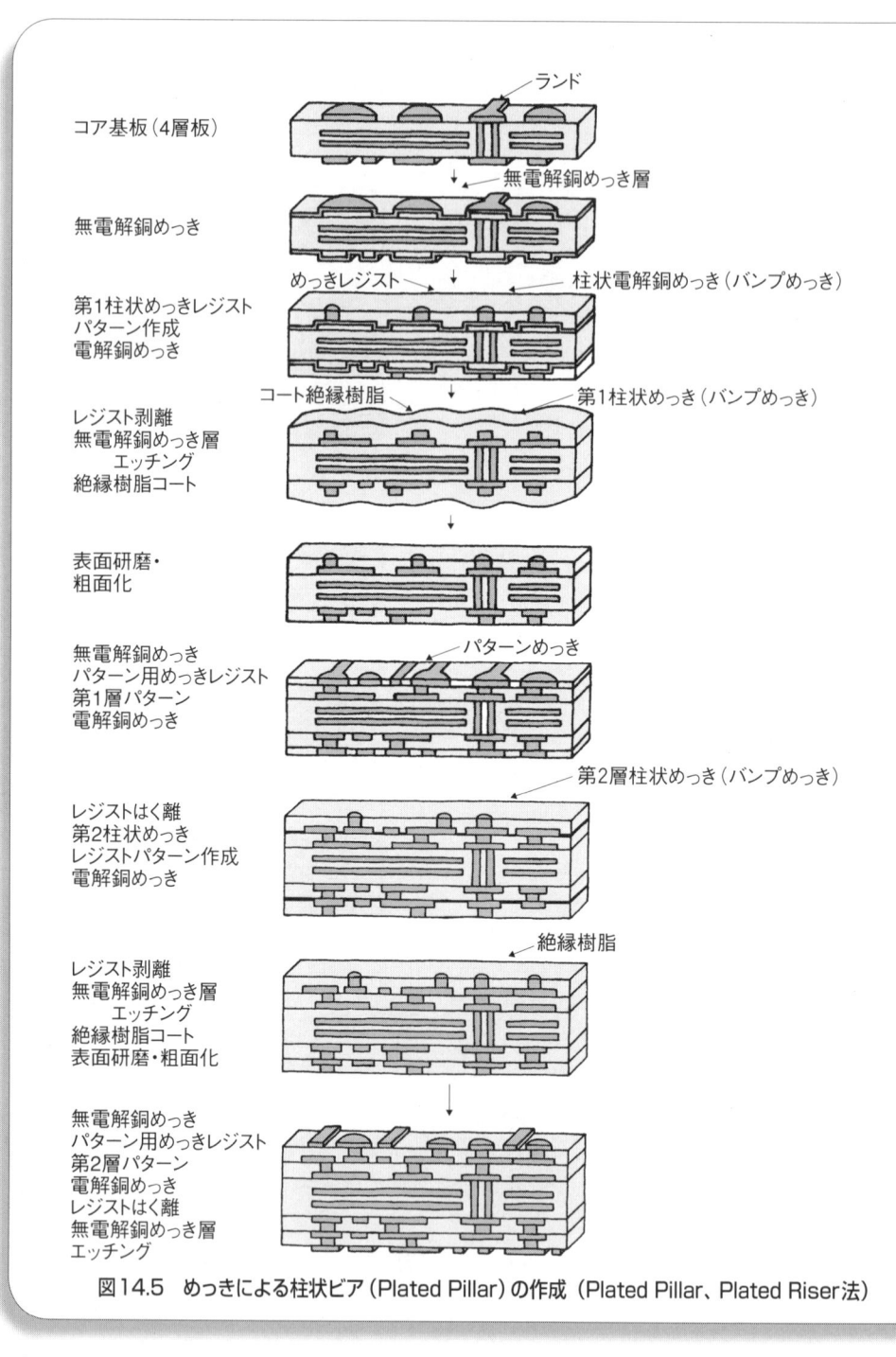

コア基板（4層板）	
無電解銅めっき	ランド 無電解銅めっき層
第1柱状めっきレジスト パターン作成 電解銅めっき	めっきレジスト　柱状電解銅めっき（バンプめっき）
レジスト剥離 無電解銅めっき層 エッチング 絶縁樹脂コート	コート絶縁樹脂　第1柱状めっき（バンプめっき）
表面研磨・ 粗面化	
無電解銅めっき パターン用めっきレジスト 第1層パターン 電解銅めっき	パターンめっき
レジストはく離 第2柱状めっき レジストパターン作成 電解銅めっき	第2層柱状めっき（バンプめっき）
レジスト剥離 無電解銅めっき層 エッチング 絶縁樹脂コート 表面研磨・粗面化	絶縁樹脂
無電解銅めっき パターン用めっきレジスト 第2層パターン 電解銅めっき レジストはく離 無電解銅めっき層 エッチング	

図14.5　めっきによる柱状ビア（Plated Pillar）の作成（Plated Pillar、Plated Riser法）

フラッシュ銅めっき　　　　　　金属板（ステンレスまたはCu/Niなど）
　　　　　　　　　　　　　　　　　　フラッシュ銅めっき

めっきパターン作成
　　　　　　　　　　　　　　　　　　パターンめっき
　　　　　　　ブラインドビアの　　めっきレジスト
　　　　　　　マスクパターン

　　　　　　　　　　　　　　　　　　パターン形成金属板
粗化処理積層　　　　　　　　　　　　接着シート
　　　　　　　　　　　　　　　　　　内層コア（多層板）
　　　　　　　　　　　　　　　　　　パターン形成金属板

　　　　　　　　　レーザビア
レーザ穴あけ

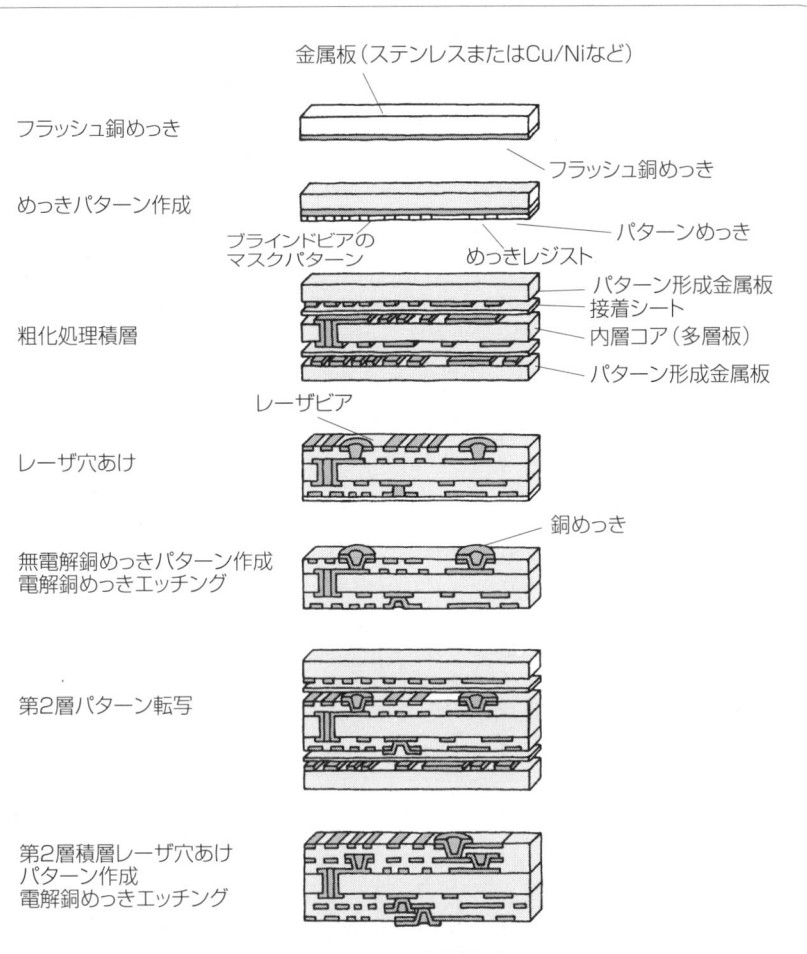

　　　　　　　　　　　　　　　　　銅めっき
無電解銅めっきパターン作成
電解銅めっきエッチング

第2層パターン転写

第2層積層レーザ穴あけ
パターン作成
電解銅めっきエッチング

図14.6　転写法多層プリント配線板プロセス

(a)柱状めっき法による方式

　この方式は、図14.5のごとく絶縁樹脂層に粗面化し、セミアディティブ法により、表面の導体パターンと柱状めっき（めっきバンプ）を作成し、絶縁層、導体層を積み上げてビルドアッププリント配線板とするものです。この方式では高価なレーザ穴あけや、凹部にあるビア内にめっきを付けるフィルドビアなどの技術は不要となり、また、ビアオンビアのように、直上にビアを重ねることができます。この方法を用い、穴ではなく溝状にめっきを成長させると、同軸構造を作ることができます。ただ、柱状めっきを行う場合に柱の高さ（バンプ高さ）を一定にする技術が必要と

なります。

(b) 転写法によるビルドアップ方式

　この方式は、図14.6のようにステンレスシートあるいはニッケルシートに必要に応じ銅の薄いめっきを行い、この上にめっきレジストでパターンを作成、パターンめっきをした上で、コア材にプレスにより転写、接着シートで接着します。ステンレスシートに転写パターン作成するときに、レーザ穴あけのマスクとなるパターンの作成することが可能で、このマスクを用いレーザで穴をあけることができます。このあと、穴のところをめっきすることで、上下の接着ができます。パターン部は埋め込まれ、表面はめっき部を除き平坦なので、ソルダーレジストの層形成は非常に容易に行うことができます。

　この方式を変化させて、①プリプレグに穴をあけ導電性ペーストを充填したシートを用いると、転写と同時に立体接続ができます。また、②ステンレスシートにパターンとめっきバンプを2度のパターン形成により作成し、バンプの先端に導電性ペーストを塗布するか、めっきではんだを析出させて、接続材または接着シートを用いて熱プレスすることにより立体接続を行うことができます。

　このようにいくつかの応用が可能です。ここに挙げた方法は実用化していませんが、興味あるものとして紹介しました。

14.2
導電性ペースト接続によるビルドアッププロセス

　めっきによる接続に代わって、導電性ペーストを用いるビルドアップ方式が開発されています。

14.2.1　ALIVH法

　この方法は図14.7のように、アラミド不織布にエポキシ樹脂を含浸したプリプレグを用い、このシートにレーザで穴をあけ、この中に導電性ペーストを充填します。この場合は銅のペーストを用いています。このシートに表裏に銅箔を置き、熱

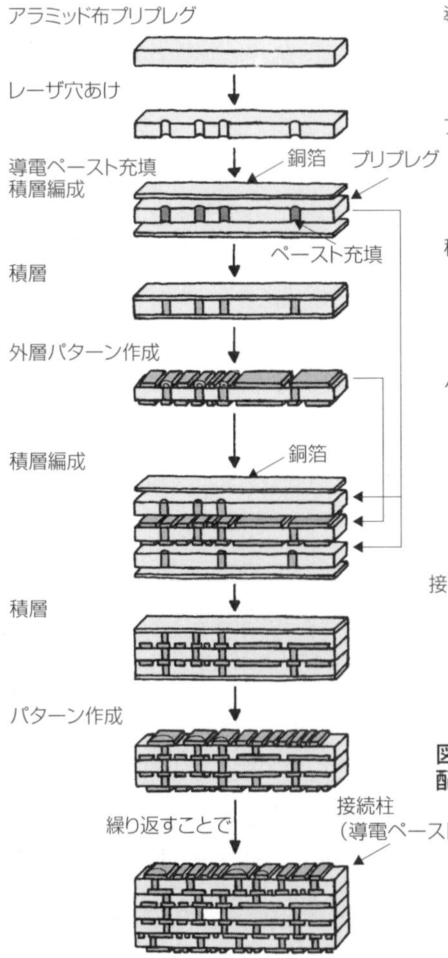

アラミッド布プリプレグ
レーザ穴あけ
導電ペースト充填
積層編成
銅箔
プリプレグ
ペースト充填
積層
外層パターン作成
積層編成
銅箔
積層
パターン作成
繰り返すことで
接続柱
(導電ペースト)

図14.7　導電ペースト接続ビルドアッププリント配線板　ALIVH

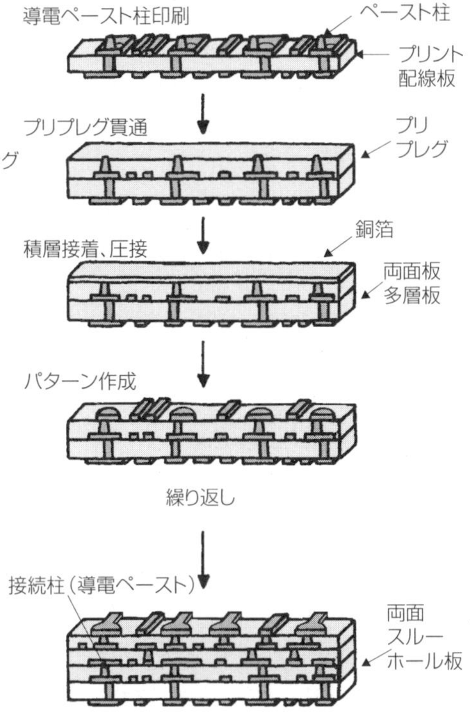

導電ペースト柱印刷
ペースト柱
プリント
配線板
プリプレグ貫通
プリ
プレグ
銅箔
積層接着、圧接
両面板
多層板
パターン作成
繰り返し
接続柱(導電ペースト)
両面
スルー
ホール板

図14.8 導電ペーストによるビルドアッププリント配線板　B²it

プレスで積層すると、銅箔と導電性ペーストとを接続することができます。次いで、銅箔をプリントエッチング法によりエッチングで導体パターンを作成し、両面板とします。さらに導体層を積み上げるために、この上に導電性ペーストを充填したプリプレグと銅箔を置き積層プレスで接着、プリントエッチング法でパターンを作成すると、4層板となります。繰り返すことによる導体層を増加させることができます。

14.2.2 B²it法

このプロセスは図14.8のごとく絶縁基板、プリント配線板、または、銅箔の上に導電性ペーストを柱状に印刷しペースト柱を作ります。このペースト柱でプリプレグを機械的に貫通し、その後、積層プレスで銅箔あるいは基板上のランドに圧接、同時にプリプレグを固化させて上下の接続をとり、次にプリントエッチング法で表面に導体パターンを作成します。この方式を繰り返すことで導体層を積み上げることができます。このプロセスでは材料の選択幅が大きい特徴があります。

14.3 一括積層法

この方式は内層に配置する導体パターンの層を個別に用意し、これらを必要数重ね、積層プレスで一括で積層して一体化する工程です。このとき使う立体接続の方式にめっきを用いるものと、導電性ペーストを用いるものとがあります。最近になって数多くのプロセスが提案されているので紹介します。

14.3.1 めっき法による接続
(1) 柱状銅めっき（めっきバンプ）とはんだめっき接合による方式

この方式は図14.9に示すように、ガラス布片面銅張積層板の樹脂側よりレーザで銅箔まで穴をあけ、この中に柱状にめっき（めっきバンプ）を行い、先端にはんだめっきを行います。次いで、銅箔をプリントエッチング法でエッチングして回路を形成し、樹脂面には接着材をコーティングします。このような、回路を必要な層数だけ用意し、重ねて積層すると、層間は接着材で接着させ、導体間は積層時の熱で溶融したはんだで接続します。

(2) フラックス性樹脂による柱状銅めっきーはんだバンプ接合による方式

前項とほとんど同じですが、図14.10のごとく、片面銅張積層板にレーザで穴をあけ、銅めっきを柱状に行い、先端にはんだめっきを行います。ここにフラックス性を持っている樹脂接着材を塗布、はんだを溶融してバンプとします。フラックス

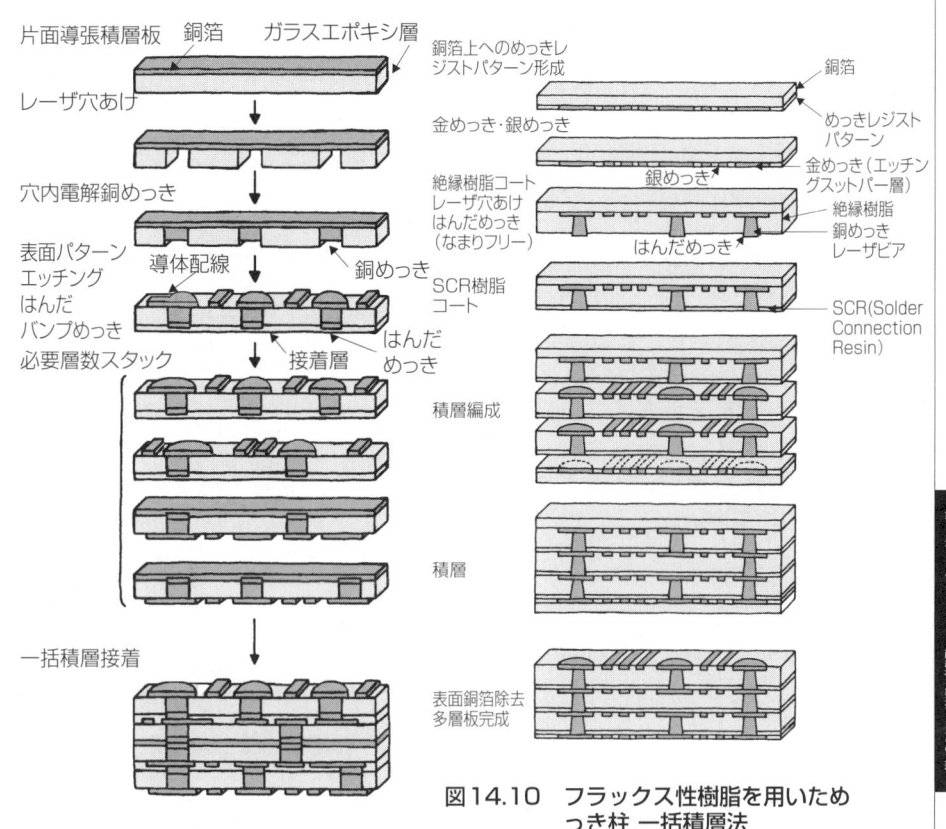

図14.9 片面銅張積層板−めっき柱による一括積層法

図14.10 フラックス性樹脂を用いためっき柱 一括積層法

性を持っている樹脂接着材は加熱により絶縁となるので、このようなシートを必要数重ね、積層するとフラックス性樹脂ははんだの接合を確実にしたうえで絶縁性の層となり一体化するものです。

14.3.2 導電性ペーストによる接続
(1) プリプレグ・パターン転写による接合方式

この方式は図14.11のごとく、フィラーの入っている絶縁シートにレーザで穴をあけ、ここに導電性ペーストを充填します。ここではPPE樹脂のプリプレグを用い

ています。別にシートで裏打ちし支持した銅箔をフォトエッチングでパターンを作成し、導電性ペーストを充填したプリプレグに圧着、転写します。このようなシートを必要数用意し、積層により一体化するものです。

(2) ポリイミドフィルム・導電性ペースト接合方式

この方式は図14.12のように、片面に銅箔を積層した熱硬化性のポリイミドフィルムに接着材として耐熱性の熱可塑性ポリイミドをコーティング、銅箔をエッチングしてパターンを作ります。そして、樹脂側よりレーザで穴あけして、穴に導電性ペーストを充填したものを必要数用意、一括で積層するものです。この方式では基材が熱による溶融がないので、比較的安定して作成できるものです。

製造プロセスはポリイミドの片面銅張積層板を用い、レーザで穴あけをしたもので、めっきの代わりに導電性ペーストを充填したものです。一括積層法ではいずれも内層の個々のシートを用意し、これ

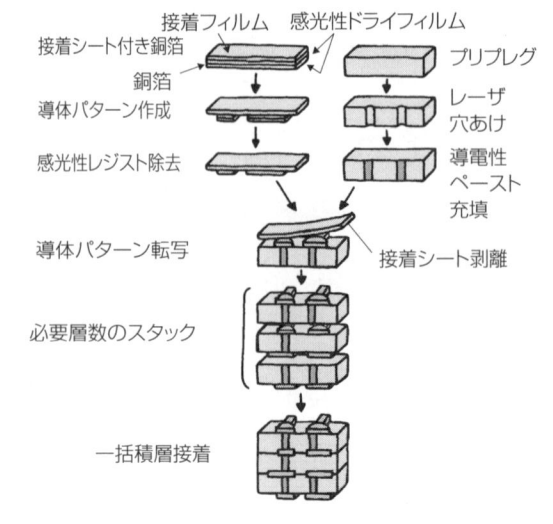

図14.11 パターン転写による一括積層法

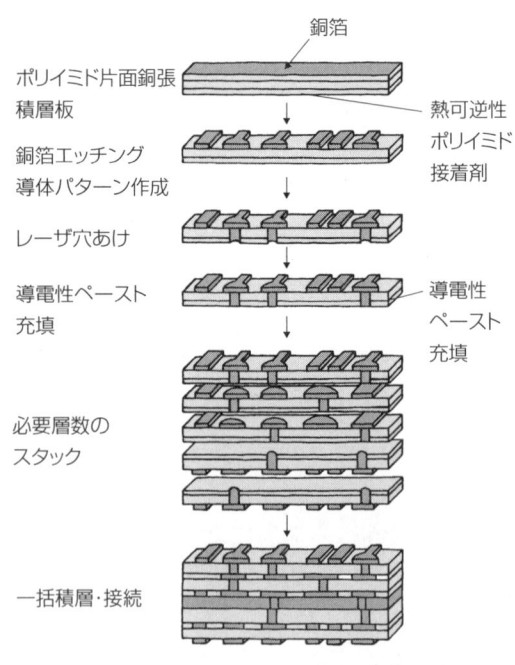

図14.12 ポリイミドフィルム多層基板プロセス

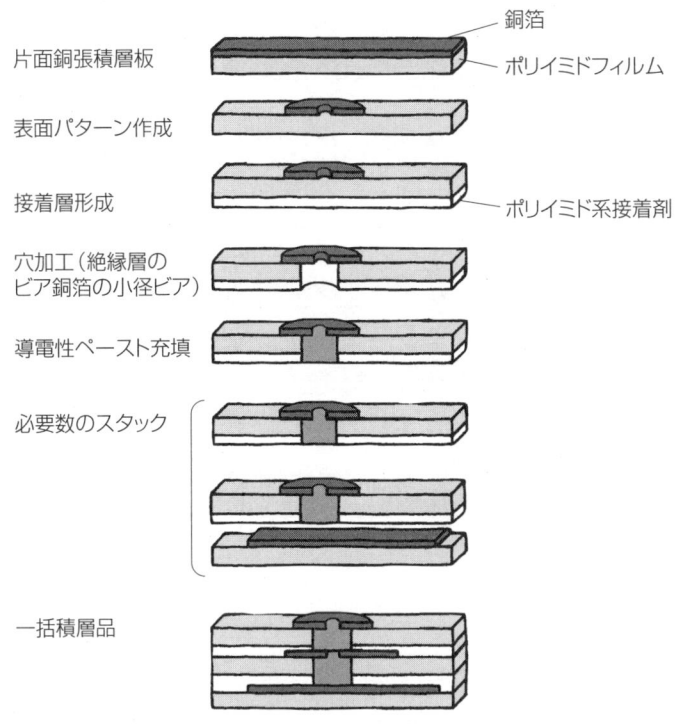

片面銅張積層板 ─ 銅箔
　　　　　　　 ─ ポリイミドフィルム

表面パターン作成

接着層形成 ─ ポリイミド系接着剤

穴加工（絶縁層の
ビア銅箔の小径ビア）

導電性ペースト充填

必要数のスタック

一括積層品

TypeBのプロセス（ビアと導体箔により
小径穴に導体ペースト充てん）

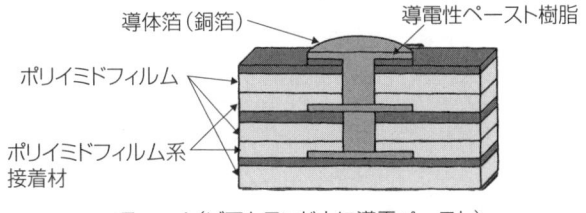

導体箔（銅箔）　　　導電性ペースト樹脂
ポリイミドフィルム
ポリイミドフィルム系
接着材

Type A（ビアとランド上に導電ペースト）

図14.13　ポリイミドフィルム－導電ペーストによる一括積層法

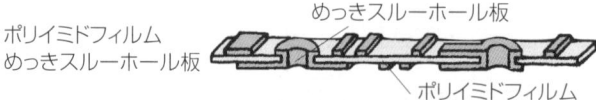

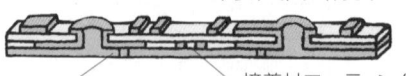

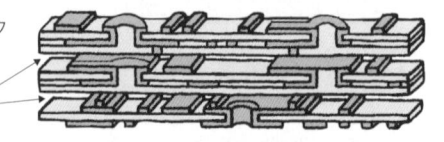

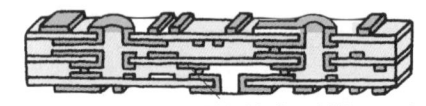

図14.14 ポリイミドフィルム一括積層プリント配線板

- ポリイミドフィルムめっきスルーホール板
- はんだペーストバンプ形成
  - はんだペーストバンプ（鉛フリー）
  - めっきスルーホール板
  - ポリイミドフィルム
  - 接着材コーティング
- 必要積層数スタック
  - 接着材層
- 一括積層品
  - はんだバンプ（鉛フリー）

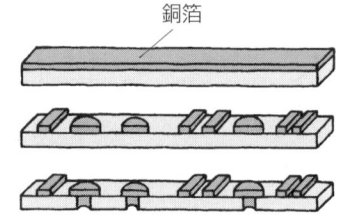

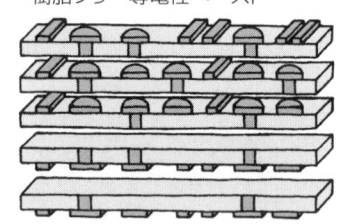

図14.15 熱可塑性樹脂を用いた一括積層法

- 熱可塑性片面銅張積層板
  - 銅箔
- 銅箔エッチング導体パターン作成
- レーザ穴あけ
- 導電性ペースト充填
  - 樹脂フリー導電性ペースト
- 必要層数準備
- 一括積層接続導電性ペースト溶融

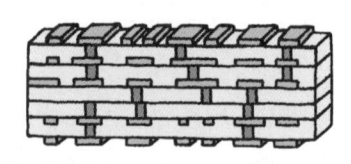

を積層プレスで加熱加圧して一体化するものです。

(3) 貫通ビアを用いて接続方式

図14.13のようにType A、Type Bの2種類が提案されています。Type Aは、銅箔のパターンまで穴を貫通させ、ランドパターン上に導電性ペーストをコーティングし、同時に穴に導電性ペーストの充填を行ったものを用います。Type Bは、導電性ペーストを充填する穴はブラインドとし、ランドにビアの穴より小さい穴を別にあけ、このようなシートを必要数用意して積層するものです。

14.3.3 溶融金属による接続
(1) 両面めっきスルーホールポリイミドフィルム―溶融金属による接続

この方式は図14.14に示すように、ポリイミドフィルムをベースとした両面スルーホールプリント配線板を用い、導体のランドの上にはんだペーストを印刷します。このペーストは積層時の熱で溶融し、金属バンプとなります。次いで接着剤を穴内を含めてコーティングします。このようなシートを必要数用意し、一括で積層するとバンプが溶融し、両面板相互を接続、一体化して多層プリント配線板となります。

(2) 耐熱性熱可塑性樹脂フィルムを用いる接合方式

図14.15に示すように、片面に銅箔を積層した耐熱性熱可塑性樹脂フィルムを用います。既に説明したと同じように、フィルムにレーザで穴をあけ、ここに金属ペーストを充填します。このペーストは後の積層時に溶融、固化し、金属柱になる方式です。このようなものを必要数用意、積層しプリント配線板とします。この基材は熱可塑性で熱をかけると溶融するので、金属と分離回収が可能ということです。

ここでは、一括積層によるプリント配線板のプロセスをいくつか紹介しました。現在、非常に活発に開発が行われている分野なので、まだ他の方式も提案されてくるかもしれません。したがって、絶縁材料、接続材料、接続方式などが定まっていません。それぞれに、優れたところと問題なところがあります。

今後、どのような形に収斂されるか分かりませんが、開発段階なので、プロセス概要の紹介に止めました。

● 著者紹介

高木　清（たかぎ　きよし）

1932年生まれ、1955年、横浜国立大学応用化学化卒業。同年、富士通信機製造（株）（現、富士通（株））入社。電子材料、多層プリント配線板技術の研究開発に従事。
1989年、古河電気工業（株）、旭電化工業（株）の顧問、1994年、高木技術士事務所を開設。プリント配線板関連技術のコンサルタントとして現在にいたる。1971年技術士（電気・電子部門）登録。この間、(社)日本プリント回路工業会のJIS、原案作成委員、用語部会委員、および、(社)プリント回路学会（現、エレクトロニクス実装学会）理事などを歴任。
(社)表面技術協会　表協エレクトロニクス部会　監事
(社)化学工学会　エレクトロニクス部会　幹事
著書として、「多層プリント配線板製造技術」、「ビルドアップ多層プリント配線板技術」、「プリント回路技術用語辞典」（編著）、「プリント板と実装技術・キーテーマ＆キーワードのすべて」（編著）、「よくわかるビルドアップ多層プリント配線板のできるまで」（いずれも日刊工業新聞社）がある。

よくわかる
プリント配線板のできるまで

NDC 549

2003年 6月10日	初版 1刷発行	
2006年 9月30日	初版10刷発行	

Ⓒ著　者　高木　清
　発行者　千野　俊猛
　発行所　日刊工業新聞社
　　　　　東京都中央区日本橋小網町14-1
　　　　　（郵便番号103-8548）
　　　　　電話　書籍編集部　03-5644-7490
　　　　　　　　販売・管理部　03-5644-7410
　　　　　FAX　　　　　　　　03-5644-7400
　　　　　URL　http://www.nikkan.co.jp/pub
　　　　　e-mail　info@tky.nikkan.co.jp
　　　　　振替口座　00190-2-186076
　　　　　本文デザイン・DTP――志岐デザイン事務所
　　　　　本文イラスト――大森眞司
　　　　　印刷――新日本印刷

定価はカバーに表示してあります
落丁・乱丁本はお取り替えいたします。
2003 Printed in Japan
ISBN　4-526-05140-3　C3054

Ⓡ〈日本複写権センター委託出版物〉
本書の無断複写は、著作権法上の例外を除き、禁じられています。
本書からの複写は、日本複写権センター（03-3401-2382）の許諾を得て下さい。

日刊工業新聞社の本

プリント回路技術用語辞典 ＜第2版＞

プリント回路技術用語辞典編集委員会編
B6判　360ページ
定価（本体2900円＋税）

電子機器の発展を支えるプリント配線板は目覚ましい進展とともに新しい製造技術用語を数多く生みだしている。本辞典は、プリント配線板関連の材料、プロセス、生産技術、検査技術を中心に、密接な電子デバイス、実装技術をはじめプリント配線板の製造・実装現場で役立つ技術用語1800語を収録。

ビルドアップ多層プリント配線板技術

高木　清著
A5判　362ページ
定価（本体3400円＋税）

プリント配線板の薄型化、多層化、軽量化の実現に向けて、注目のビルドアップ工法を豊富な図版・写真を織込みながら現場の視点に立って解説。工程フロー図を掲載。
＜目次＞
プリント配線板の種類と構造／電気特性／ビルドアップ多層プリント配線板のプロセス／多層プリント配線板の絶縁材料／設計とアートワーク／プロセス要素技術ほか